服装立体裁剪与设计

draping
for
fashion design

张惠晴 著

河南科学技术出版社
·郑州·

立体裁剪设计是凭借抽象的服装设计概念，通过立体裁剪技法的操作，将平面设计图转换为具体呈现的立体服装线条的过程，主要特色在于设计者得以直接与线条产生对话。

服装与身体之间存在一种距离，是一种内部的虚空间，而服装又是一种实体，在平面图上转换为服装设计线条后，通过立体裁剪，不断演绎着线条美学。

本书作者张惠晴非常了解立体裁剪的要领，将多年教学经验重新整理编排，并与时尚造型结合，著成此书。书中详细介绍立体裁剪的基本概念、制作步骤、细节操作及重点提示等，将基础服装的版型结构借由立体裁剪技法延伸，引导学习者开发无限的创意空间，进而使服装造型有新的可能性发生。非常乐见本书出版，它将为欲学习服装立体裁剪与设计者提供更佳的学习途径！

刘美莲

实践大学高雄校区服饰设计与经营学系
专任助理教授

张惠晴老师的《服装立体裁剪与设计》一书终于付梓，本书整合了张老师多年来在产学领域的专业知识与经验分享，内容丰富，非常值得参考。初学的读者只要按部就班，依据书上详细的图文说明，循序渐进地跟着做，就能完成自己的作品，并学到立体裁剪制作的要领；而已经有基础的读者也可以试着运用书中所教的各种延伸技巧，变化出更多的服装款式，让设计能力更上一层楼。

相信本书的出版能嘉惠所有对立体裁剪或服装设计有兴趣的朋友，让大家对服装结构有更深入的认识，收获满满！

郑淑玲

实践大学服装设计系讲师

作者序

以玩布的心态出发

对从来没有接触过立体裁剪的初学者或是习惯平面打版的同学而言，立体裁剪总给人不知从何下手或是难以操作的刻板印象。

其实，立体裁剪就是把布料直接覆盖在人体上或人台上，通过剪接、折叠、扭转、缩缝、抓皱、别住等技法，准确地把想要的造型直接在布料上进行裁剪，创造人与布之间的立体空间。

通过立体裁剪的方式操作，好处是可以直接看到衣服制作后的效果，包括所有的结构特点、外轮廓形态与立体空间感。以玩布料的心态来操作，立体裁剪并不复杂，训练眼睛的观察、手的触摸、心的体会，培养眼、手、心合一，让线条灵活生动、自然呈现，让一块平凡的布料变成一件流行服饰。

在此感谢实践大学推广教育部的王心微老师，一直从旁协助与鼓励我出书，刘美莲教授、郑淑玲老师帮我审稿，并提出很多宝贵的建议，还有李惠菁老师在百忙之中拨冗帮我画服装插画。另外，特别感谢天韵社的曾老板，愿意帮我特别制作黑色人台，为的是操作与拍摄时白色坯布在黑色人台上更为明显；还有堇花猫工具代购的温又静同学，提供工具与裁布图且协助拍摄；姜筱梅同学帮忙做现场记录并协助拍摄。同时还要感谢负责样本制作的李美蓉、林彩莲同学，模特儿陈仪倩、林莛纶同学，化妆师罗立轩同学，造型师翁子颜同学，提供饰品搭配的糜古MIGU公司。最后感谢我的父母和城邦麦浩斯出版社团队促成本书出版，非常感恩。

张惠晴

目录
contents

CHAPTER 1

关于立体裁剪

立体裁剪的基本概念

人类最初为了保护身体，用树叶、树皮、兽皮等天然素材做简单的遮盖和保暖。发明纺织技术后，便把一块布放在身体上，以自由缠绕、覆盖的方式制成简易的服装。

随着时代的变迁，人们在穿着上，会依据气候环境、个人喜好、社会地位以及服装的设计线条与功能性等因素，搭配出各式各样的流行服饰。

为了展现个人特色与风格，选择服装前，必须仔细观察人体体型与曲线的变化，还要对服装的轮廓线、剪接线、装饰线等进行通盘的考量；因此，立体裁剪近几年渐渐地被服装业界重视，也越来越得到广泛且深入的运用，以制作出更多样、更切合需求的立体造型服装。

立体裁剪与平面打版的区别

立体裁剪与平面打版的操作方法虽然不同，但都是服装构成的重要方法。服装的构成方法，主要分为以下三种：

平面打版法

根据人体测量出的尺寸，按照既有的计算公式，在纸上进行操作，以合并、展开、折叠、倾倒等技法，画出各式各样的款式。对于初学者来说较容易入门，但尺寸较固定，松份的比例也较制式化，且对于布料的垂坠性、厚薄度无法精准掌握，所以往往需要多次修改版型。

立体裁剪法

使用接近人体比例的人台，将布直接覆盖在人台上，运用剪接、折叠、缩缝、抓皱、别住等技法，一边裁剪一边做出造型，可以在制作过程中就明确看到布料与人体之间的立体空间感，以及人体各部位的线条与结构，直接快速地制作出设计师所要求的版型；但因裁剪过程中需要耗费许多布料，所以制作成本较高。

平面打版法与立体裁剪法并用

若遇到比较特殊的布料或夸张的造型，可先用平面打版法画出外轮廓版型，制作出坯样穿在人台上，局部细节再运用立体裁剪法抓出造型；若能将两种技法熟练地结合运用，服装造型必定能完美呈现。

人体模型

　　人体模型简称人台，是模仿人体线条所制作的，也是立体裁剪中最重要的工具。人台分成裸体人台与工业用人台两种，裸体人台不含松份，制作时可以清楚掌握人体与布料之间的空间；而工业用人台是含松份的，通常是针对成衣生产所选用的。

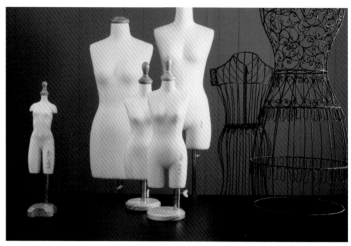

人台有各式各样的类型，其目的与用途皆不同。

人台基本上可分为裙装与裤装两种：左边为裙装人台，右边为裤装人台。

本书为了让读者更容易看清楚步骤，特地定制裸体黑色人台。

坯布的种类

　　进行立体裁剪时，通常选用白色的坯布，而坯布种类有很多，一般可分为三种。

1. 薄坯布: 适合做柔软且有垂坠感的造型。
2. 中厚坯布: 软硬适中, 布纹易分辨, 适合初学者使用。
3. 厚坯布: 适合做外套、风衣等造型。

基本工具介绍

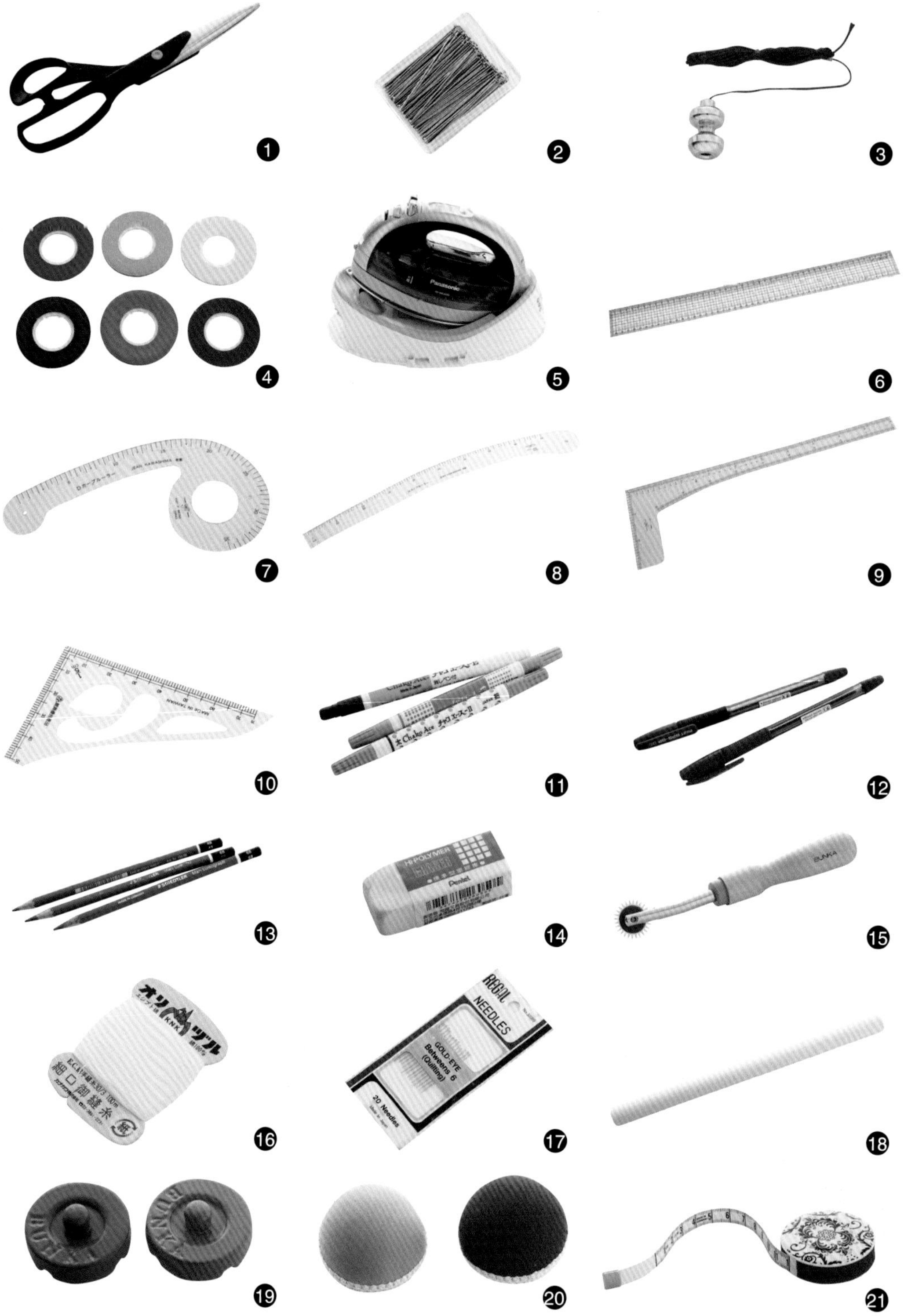

❶

❷

❸

❹

❺

❻

❼

❽

❾

❿

⓫

⓬

⓭

⓮

⓯

⓰

⓱

⓲

⓳

⓴

㉑

1 剪刀
重量较轻，尖端锋利，23~25cm 长的最好用。

2 丝针
选用0.5mm立体裁剪专用针，针尖滑顺且细长。

3 铅锤
确认前、后中心线是否垂直时用。

4 标示带2.5mm
标示基本结构线用黑色或蓝色，设计线用红色或橘色。

5 熨斗
布料使用前，必须用熨斗将褶皱处整烫平整并整理布纹方向。

6 方格尺50cm
测量尺寸、画直线用。

7 D形曲线尺／云尺
画领围线、袖窿线或较弯的曲线时用。

8 大弯尺
画弧线用。

9 L形直角尺50cm
测量尺寸、画直线与弧线用。本书示范中亦用来辅助画裙长。

10 三角板／四分之一缩尺
本书示范中用来辅助画裙长。

11 消失笔
做记号用，记号会随着时间自然消失。

12 红色、蓝色圆珠笔
本书示范中红笔为画直布纹记号用，蓝笔为画横布纹记号用。

13 4B或6B铅笔
坯布裁剪完成时，画完成线用。

14 橡皮擦
擦去记号用。

15 锯齿滚轮／点线器
将布上的线条拓印在纸上时用。

16 白线
棉质尤佳。本书示范制作袖子时缩缝用。

17 手缝针
0.5mm细长针尤佳，容易刺入坯布。本书示范制作袖子时缩缝用。

18 白纸
画版型与拓印版型用。

19 镇纸
压住布与纸型，使它们不会移动。

20 针插
插放丝针用，为了操作方便，通常将针插放在手腕上。

21 皮尺或卷尺
测量尺寸用。

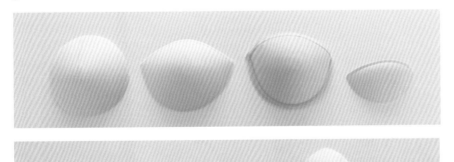

辅助工具

各式胸垫
依照服装的款式，可适当调整胸部线条与尺寸。在修正人台体型与做造型时使用。

各式垫肩
依照服装的款式，可适当调整肩部线条与尺寸用。在修正人台体型与做造型时使用。

HL

测量项目和标准尺寸

测　量　项　目	M size（9号）参考尺寸表（cm）
1.胸围	82～84
2.胸下围	70～72
3.腰围	63～65
4.腹围	84～86
5.臀围	90～92
6.手臂根部围	36～38
7.上臂围	26～28
8.肘围	23～25
9.手腕围	15～17
10.手掌围	20～22
11.袖长	52～54
12.肘长	28～30
13.头围	54～56
14.颈围	36～38
15.背肩宽	37～39
16.背宽	33～34
17.胸宽	32～33
18.乳间宽	16～17
19.背长	36～38
20.后长	40～41
21.乳高	23～25
22.前长	42～43
23.腰长	18～20
24.股上长	26～27
25.股下长	67～68
26.膝长	55～57
27.裤长	93～95
28.前后裤裆一圈	67～69
29.大腿围	53～55
30.小腿围	33～35
31.总长（背长+裤长）	134～136

＊此表为20~25岁女性参考尺寸

人体模型各部位名称

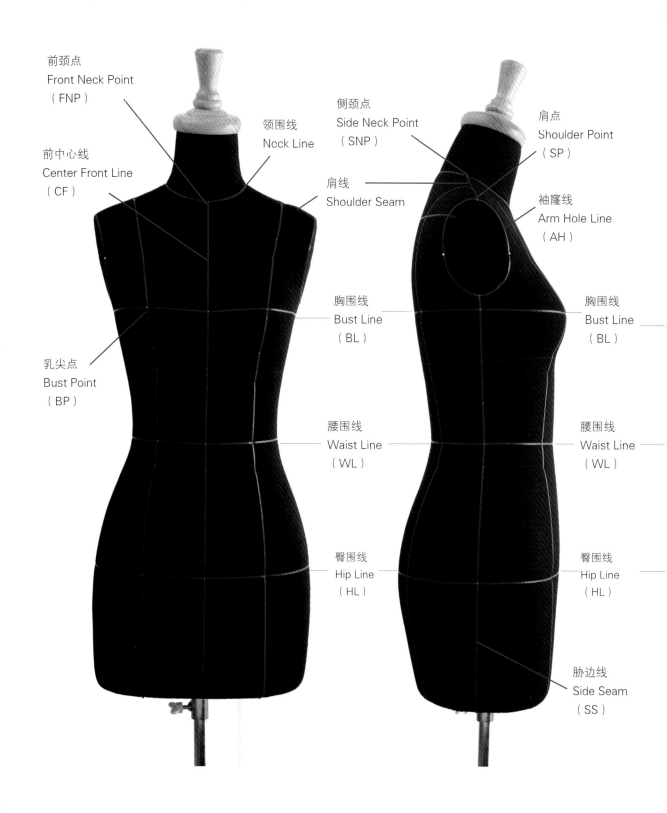

前颈点
Front Neck Point
（FNP）

前中心线
Center Front Line
（CF）

乳尖点
Bust Point
（BP）

领围线
Neck Line

侧颈点
Side Neck Point
（SNP）

肩线
Shoulder Seam

肩点
Shoulder Point
（SP）

袖窿线
Arm Hole Line
（AH）

胸围线
Bust Line
（BL）

胸围线
Bust Line
（BL）

腰围线
Waist Line
（WL）

腰围线
Waist Line
（WL）

臀围线
Hip Line
（HL）

臀围线
Hip Line
（HL）

胁边线
Side Seam
（SS）

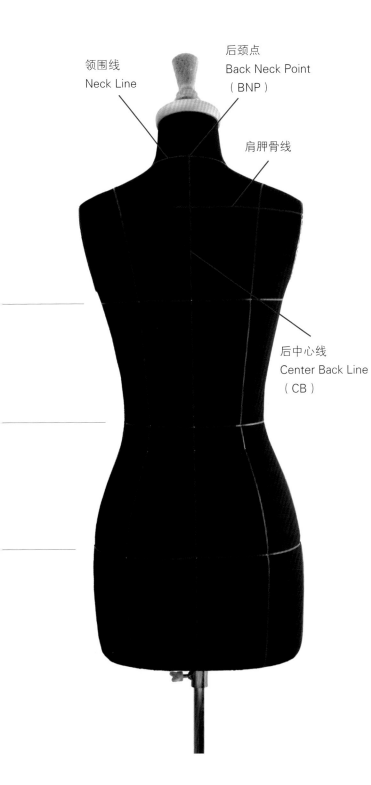

领围线
Neck Line

后颈点
Back Neck Point
（BNP）

肩胛骨线

后中心线
Center Back Line
（CB）

人体手臂模型

一般可分为有拉链式和无拉链式两种，
做袖子造型时使用。（本书为了让读者看
清楚步骤，特别定制了黑色手臂。）

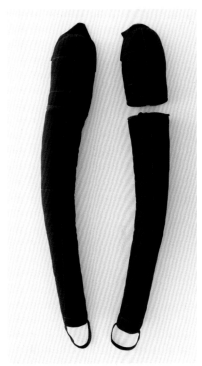

有拉链式手臂

拉链可拆下，方便操作。

无拉链式手臂

人台标示线贴法

市面上的人台并没有附上贴好的基础结构线，所以将人体结构线精准地标示在人台上，并贴好标示线这个步骤就非常重要，立体裁剪最后完成的版型精准度就取决于此。

标示线操作步骤

首先，要先训练自己的眼睛，观察人台上的垂直与水平线，并准备好标示带、消失笔（本书因使用黑色人台，故以白色粉片代替）、丝针（本书为求示范图片清楚，故以珠针代替）、铅锤、皮尺、L形直角尺、三角板、纸胶带。

腰围线

1 将人台放置于平稳的桌面上，从人台正面、侧面找出腰围最细的位置（或用皮尺绑住），用皮尺围一圈。

2 用L形直角尺测量从桌面到腰围最细位置的尺寸。用纸胶带把三角板粘贴到L形直角尺上。

3 沿着腰围移动L形直角尺与三角板，用消失笔水平画一圈记号。

4 沿着消失笔的记号贴上标示带，从人台的左边开始贴出腰围线。

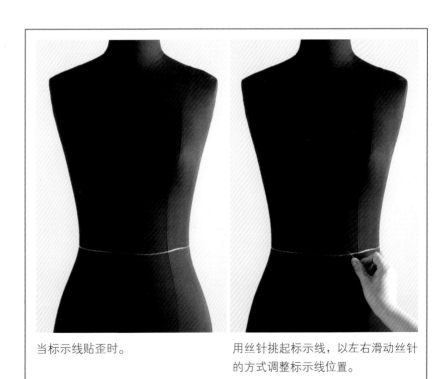

当标示线贴歪时。

用丝针挑起标示线，以左右滑动丝针的方式调整标示线位置。

胸围线

1 以目测方式从人台侧面找出胸部最凸出的点，此点为BP，用丝针固定做记号。

2 左右BP须保持水平，之间的距离16~17cm称为乳间宽，用丝针固定做记号。

3 用L形直角尺测量从桌面到BP的尺寸。用纸胶带把三角板粘贴到L形直角尺上，沿着胸围线移动L形直角尺与三角板，用消失笔水平画一圈记号。

4 沿着消失笔的记号贴上标示带，从人台的左边开始贴出胸围线。

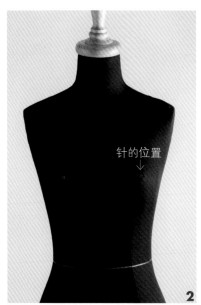

针的位置

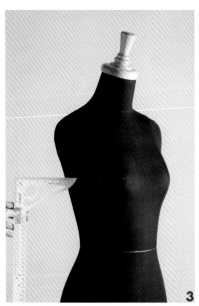

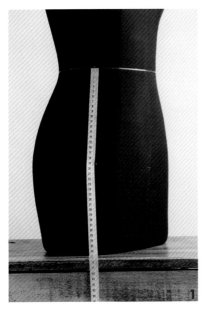

臀围线

1 从人台正面、侧面的腰围线往下量腰长18~20cm，用丝针固定做记号。

2 用L形直角尺测量从桌面到丝针位置的尺寸，用消失笔水平画一圈，再取标示带，从人台的左边开始贴出臀围线。

POINT
胸、腰、臀围线贴好后，一定要确认是否保持水平，尤其是侧面。

前中心线

1 用皮尺从人台的右肩点量至左肩点，长度除以2，取中点位置，用丝针固定做记号。

2 从丝针的位置往下垂直悬挂铅锤（无铅锤时，可以悬挂小剪刀代替）。

3 确定铅锤线位于人台的正中间后，用消失笔画出前中心线，再用标示带贴出前中心线。

铅锤

后中心线

1 用皮尺从人台的左肩点量至右肩点，长度除以2，取中点位置，用丝针固定做记号。

2 从丝针的位置往下垂直悬挂铅锤，确定铅锤线位于人台的正中间后，用消失笔画出后中心线。

3 再用标示带贴出后中心线。

铅锤

POINT
前、后中心线贴好后，用皮尺测量左半边与右半边的距离是否相等。

领围线

1 从后中心的腰围线往上量背长36~38cm，最上面的点为后颈点。

2 从后颈点开始用皮尺绕一圈，量领围36~38cm，观察后颈点到侧颈点再找到前颈点。

3 调整领围的圆润度后，用消失笔画一圈。

4 取标示带，从后颈点开始贴出领围线。

侧颈点

用皮尺从后颈点顺着领围线往前量7.5~8cm为侧颈点，用消失笔做记号。

POINT
领围线和后中心线的交点要与交点左右1.5~2cm点位保持同一水平线。领围线和前中心线的交点要与交点左右0.5cm点位保持同一水平线。

胁边线

1 从人台右半边的胸、腰、臀围线与前中心线的交点水平量到后中心线，长度除以2取中点，用消失笔做记号。

2 用标示带暂时贴出胁边线。（此胁边线会让人台看起来有虎背熊腰的感觉。）

3 微调胁边线，让身材看起来纤细。先用皮尺从侧颈点经过肩点，再到胸围线的记号往后微调1.5~2cm，腰围线的记号往后微调1~2cm，再到臀围线的记号往后微调0.5~1cm（微调的尺寸为前后差），仔细观察前、后胸，腰、臀围的比例是否漂亮。

4 确定胁边线的位置后，用消失笔画线做记号，再用标示带贴出胁边线。左半边也是同样做法。

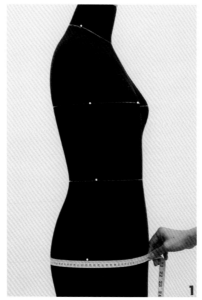

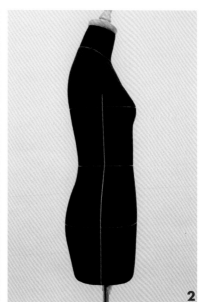

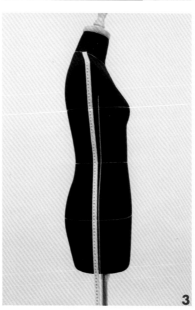

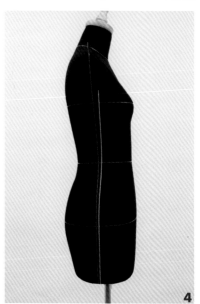

袖窿线

1 从胁边的胸围线往上量约7.5cm，用消失笔画线做记号。

2 量胸宽32~33cm，用消失笔画线做记号。胸宽与袖圈交叉处为前腋点。

3 量背宽33~34cm，用消失笔画线做记号。背宽与袖圈交叉处为后腋点。

4 从肩点开始用皮尺绕一圈，量手臂根部围36~38cm，观察肩点到前腋点再到后腋点，整圈的手臂根部调整圆润度，手臂要微微往前倾。

5 用消失笔画一圈。

6 用标示带从肩点开始贴出袖窿线。

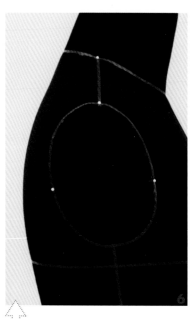

POINT
仔细观察，袖窿线应微微往前倾且要确保整圈的线条圆润。

前公主线

1 肩线的长度除以2取中点，用消失笔做记号，此点为基准点①。

2 BP至前中心线8~8.5cm，BP用消失笔做记号，此点为基准点②。

3 腰围线处从前中心线往胁边线7~7.5cm，用消失笔做记号，此点为基准点③。

4 臀围线处从前中心线往胁边线9~9.5cm，用消失笔做记号，此点为基准点④。

5 从基准点①往下顺到基准点④再到下摆，用标示带贴出一条自然优美的前公主线。

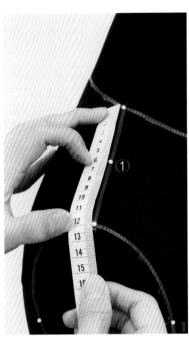

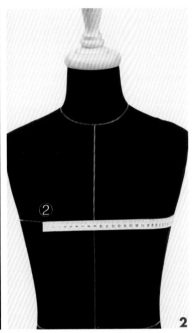

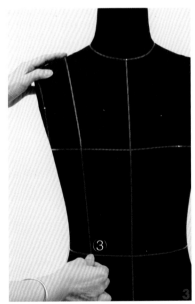

POINT
此线条会影响腰部与臀部的形态。

后公主线

1 肩线的长度除以2取中点，用消失笔做记号，此点为基准点①。

2 腰围线处从后中心线至胁边线的长度除以2取中点，用消失笔做记号，此点为基准点②。

3 臀围线处从后中心线往胁边线9.5~10cm，用消失笔做记号，此点为基准点③。

4 从基准点①往下顺到基准点③再到下摆，用标示带贴出一条自然优美的后公主线。

当标示线全部贴好后，在所有交叉处钉入丝针固定。

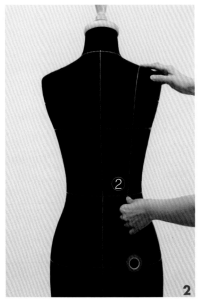

POINT
此线条会影响腰部与臀部的形态。

坯布的布纹整理

在进行立体裁剪时，为了提高作品的精致度与精准度，必须先将坯布的经纬纱整烫平整。

坯布的布纹整理方法

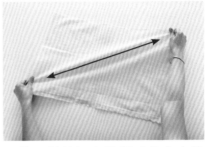

1 从坯布布边剪开1cm，再用手撕开，把坯布的布边去除，确定经纬纱的方向。

2 将歪斜的坯布沿斜对角方向拉伸，使直向与横向布纹相互垂直。

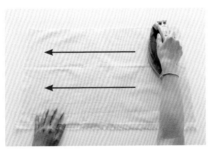

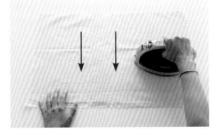

3 以平行或垂直的方向移动熨斗，将皱皱的坯布整烫平整，务必让经纬纱呈现出垂直状态。

丝针的基础别法

在立体裁剪操作过程中，丝针的别法是非常重要的，若别法不正确会影响服装造型，造成视觉上的误差。在操作进行中，遇到直线时丝针的距离可稍宽，遇到曲线时丝针的距离要密集一点，且丝针应统一固定方向为直别、横别或斜别，这样就能维持服装整齐统一的视觉效果。（本书为求示范图片清楚，以珠针代替丝针。）

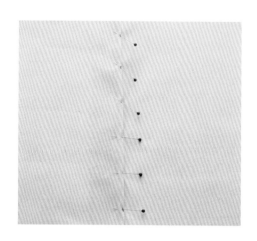

丝针固定法

抓别固定法
布料与布料抓合于正面，用丝针直别固定；一般用于尖褶、胁边线、肩线、剪接线。

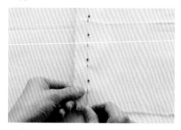

盖别固定法
上层布料的缝份折入，对齐下层布料的完成线，用丝针横别或斜别固定；一般用于胁边线、肩线、剪接线。

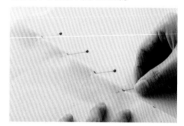

重叠固定法
布料与布料上下重叠在一起后，用丝针直别固定在完成线上；一般用于公主线、帕奈儿线。

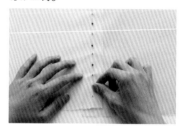

藏针固定法
上层布料的缝份折入，对齐下层布料的完成线，用丝针从上层布料的折线扎入下层布料别0.2~0.3cm，再往上层布料的折线中别0.2~0.3cm后，扎入下层布料即完成。完成后从外观上只会看见丝针的尾端，一般用于袖子与领子。

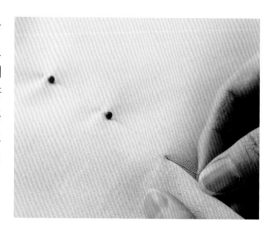

下摆固定法

将下摆缝份折入，从表面用直别固定。专用于裙摆、衣摆。

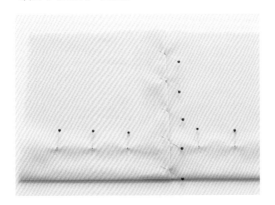

坯布与人台固定法

将布料固定在人台上，取2根丝针以V形、倒V形固定，或取1根丝针横别固定。

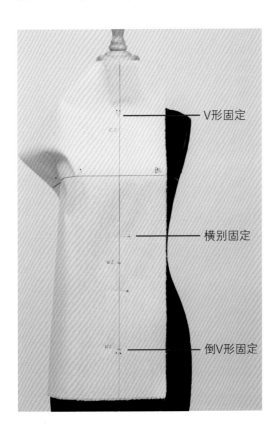

V形固定

横别固定

倒V形固定

记号线画法

进行立体裁剪时，一般用消失笔或4B铅笔做记号，可用点、线的方式做记号，但在交叉处或褶子处，则一定要用十字画法做记号。

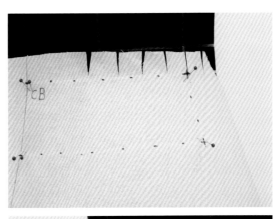

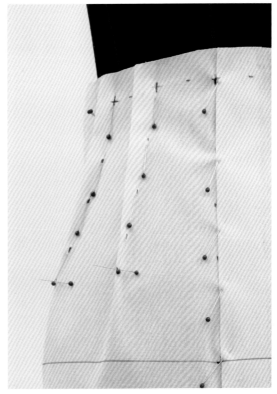

拓成纸版的方法

当立体裁剪（简称为"立裁"）完成后，确定要大量生产时，就需要把立裁样版拓成纸版。可跟着以下步骤，将坯布从人台上取下，并拓成纸版。

1 先把立裁样版整烫平整，并在白纸上画出中心线与臀围线等基础线，将立裁样版放在白纸上，对齐中心线与臀围线，用镇纸压住。

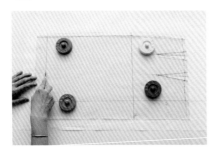

2 用锯齿滚轮沿着立裁样版上的线条，精准地滚过。

3 检查白纸上是否留下齿痕。

4 最后，沿着齿痕将样版线条描绘下来，即完成拓版。

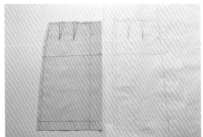

基本制图符号

完成线	引导线	贴边线	折双线
折线	装饰线	烫伸	烫缩
乳尖点	扣子	扣眼	缩缝
纸型合并裁剪	纸型折叠展开	活褶	等分线
直角	对合	布纹线	区别交叉线

褶子

CHAPTER 3　裙子设计

裙子构成原理

由于日常生活中腿部动作较多，腰围要加大1~2.5cm，臀围要加大3~4cm，但若把裙子的腰围加大2.5cm，在静止不动的状态下松份会过多，影响外观。因人体肌肉是有弹性的，一般而言，裙子的腰围松份加1cm、臀围松份加4cm便可。

人体侧面观察

仔细观察人体下半身体型，腰部纤细，臀部较大且后翘，小腹微凸。

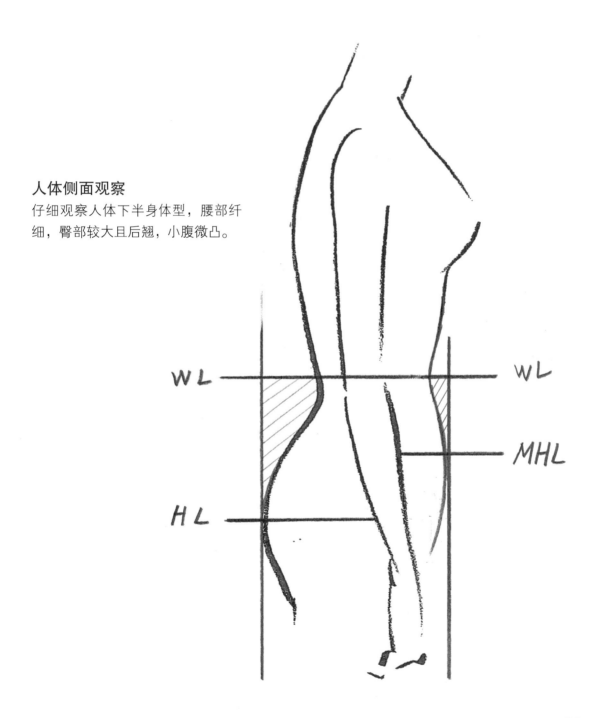

腰围的松份处理

将布料包覆前小腹与后臀部后，腰围处会有多出来的宽松份，可以用尖褶、活褶、单褶、细褶、波浪等五种基本技法处理，转变成各式各样的裙子，或运用剪接线设计来处理。

步行与裙子下摆的关系

在设计裙子的长度时，必须考虑行走时的步幅宽度。以基本裙子为例，裙长一旦过膝盖，步行所需要的裙摆宽度就会不足，所以必须开叉或加入单褶来增加裙子下摆的活动量。

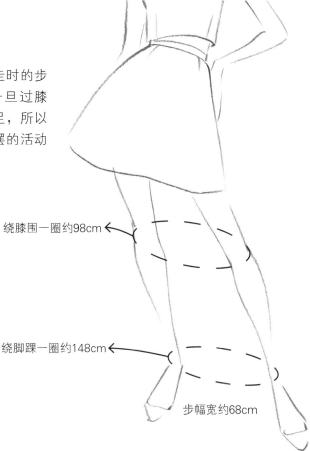

绕膝围一圈约98cm

绕脚踝一圈约148cm

步幅宽约68cm

基本
裙子原型

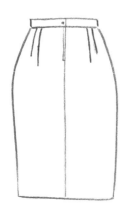

结构分析

▌裙子外轮廓
直筒状 (H-Line)

▌结构设计
尖褶

▌臀腰差处理方法
前、后裙片各两道尖褶

▌臀围松份
整圈4～6cm

坯布准备

长度　依照设计的裙长，腰围线往上加3~5cm，裙长往下加5~7cm
　　　的粗裁量。

宽度　依照设计的裙摆宽，中心线往外加6cm，胁边线往外加5cm的
　　　粗裁量。

基准线　前、后中心线用红笔画线，臀围线用蓝笔画线。

单位: 厘米 (cm) *

48	
裙腰×1 ←――――――→ CF	6	8

```
24    CB                          CF    24
          HL                 HL
   58
      后裙片×1              前裙片×1

6                                   6
     38                       38
```

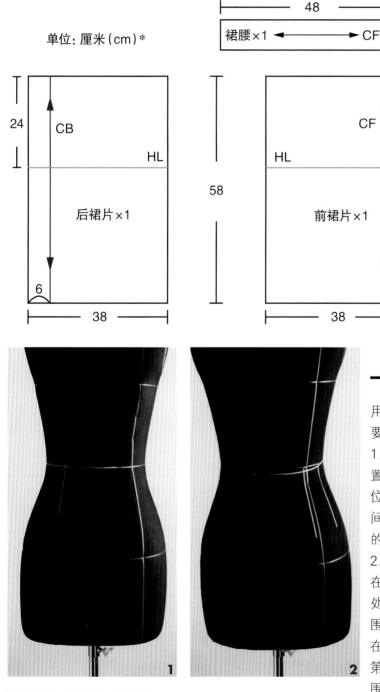

1   2

人台准备

用红色标示带在人台上贴出所需
要的结构线:

1.前裙片尖褶: 第一道尖褶的位
置在前公主线上，第二道尖褶的
位置在前公主线与胁边线的中
间，褶长是腰围线到臀围线距离
的一半。

2.后裙片尖褶: 第一道尖褶的位置
在后公主线往后中心方向0.5~0.7cm
处，褶子长度是从腰围处大致到臀
围线往上5cm处，第二道尖褶的位置
在第一道褶子与胁边线的中间，比
第一道褶子短1~1.5cm。后中心的腰
围线往下降0.7~1cm。

*本书中版型图尺寸单位均为厘米(cm)，版面所限，不再一一标示。

制作步骤

前裙片

1 坯布上所画的前中心线和臀围线须对齐人台上的前中心线和臀围线，依次用丝针以V形固定前中心线与腰围线、臀围线交叉处，与下摆交叉处用倒V形固定。

2 坯布的臀围线上留1~1.5cm的松份（松份量为整圈松份除以4）。

3 用丝针以V形固定胁边线与臀围线交叉处，与下摆交叉处用倒V形固定，形成直筒形状。

4 从臀围线垂直往上至腰围线将布抚平，腰围胁边推掉2~2.5cm松份后，用丝针固定胁边线与腰围线交叉处，此时胁边的髋关节处会出现0.2~0.3cm的松份，可用缩缝技法处理。

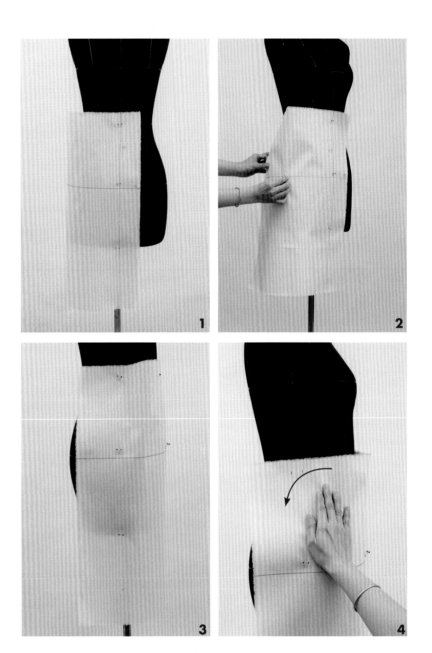

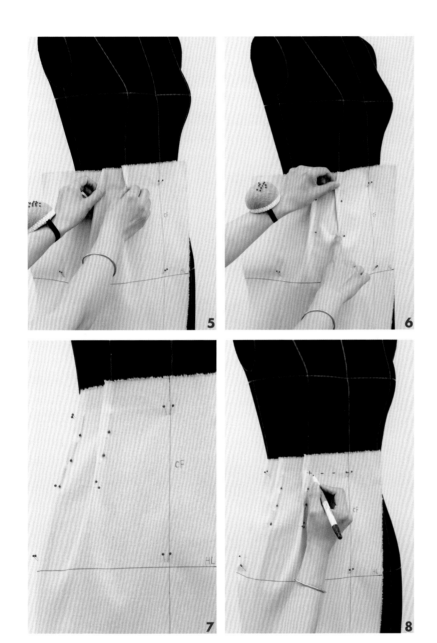

5 腰围剩余的松份按照标示带贴的位置均分为两道尖褶。

6 褶长是腰围到臀围距离的一半，用丝针抓别法固定尖褶。

7 尖褶的别法：确定褶宽后用丝针抓别法固定；确定褶长后，褶尖点用丝针横别，上下顺平后用抓别法固定。

8 观察尖褶的位置、褶宽、褶长、褶向是否美观与均衡，在腰围线、褶子、胁边线处用消失笔或4B铅笔画上记号。

9 沿着腰围线往上留1.5cm的缝份后，将多余的布剪掉。

10 沿着胁边线往外留2cm的缝份后，将多余的布剪掉。

11 前裙片完成。

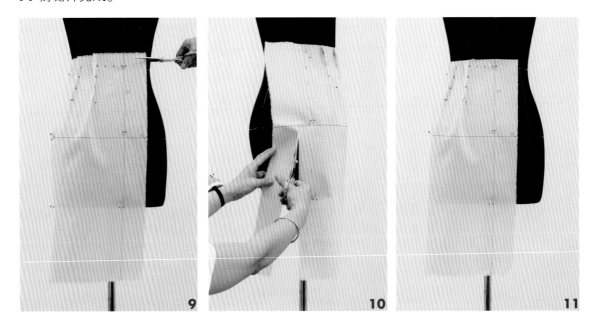

后裙片

1 坯布上所画的后中心线和臀围线须对齐人台上的后中心线和臀围线,依次用丝针以V形固定后中心线与腰围线、臀围线交叉处,与下摆交叉处用倒V形固定。

2 坯布的臀围线上留1~1.5cm的松份(松份量为整圈松份除以4)。

3 用丝针以V形固定胁边线与臀围线交叉处,与下摆交叉处用倒V形固定,形成直筒形状。从臀围线垂直往上至腰围线将布抚平,腰围胁边推掉2~2.5cm松份后,用丝针固定胁边线与腰围线交叉处,此时胁边的髋关节处会出现0.2~0.3cm的松份,可用缩缝技法处理。

4 腰围剩余的松份(按照标示带贴的位置)均分为两道尖褶。

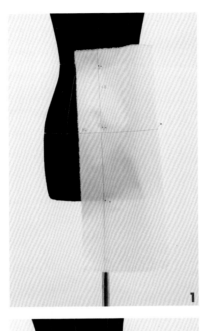

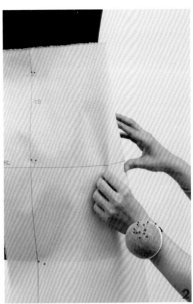

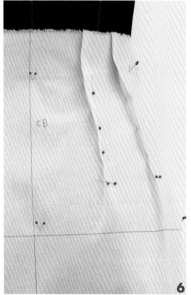

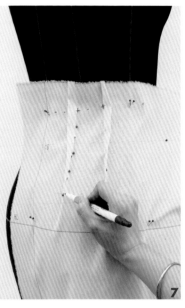

5 褶子长度大致到臀围线往上5cm处，第二道尖褶的位置在第一道褶子与胁边线的中间，褶子长度比第一道褶子短1~1.5cm，用丝针以抓别法固定尖褶。

6 尖褶的别法：确定褶宽后用丝针以抓别法固定；确定褶长后，褶尖点用丝针横别，上下顺平后用抓别法固定。

7 观察尖褶的位置、褶宽、褶长、褶向是否美观与均衡，腰围线、褶子、胁边线处用消失笔或4B铅笔画上记号。

8 沿着腰围线往上留1.5cm的缝份后，将多余的布剪掉。

9 沿着胁边线往外留2cm的缝份后，将多余的布剪掉。

10 后裙片完成。将前片胁边的缝份往内折入。

11 前、后胁边用丝针以盖别法固定。

12 量出裙子长度后画上记号。把裙腰放上去，用丝针横别固定。

13 仔细观察外轮廓，看宽松份、尖褶的位置是否与设计稿相符。

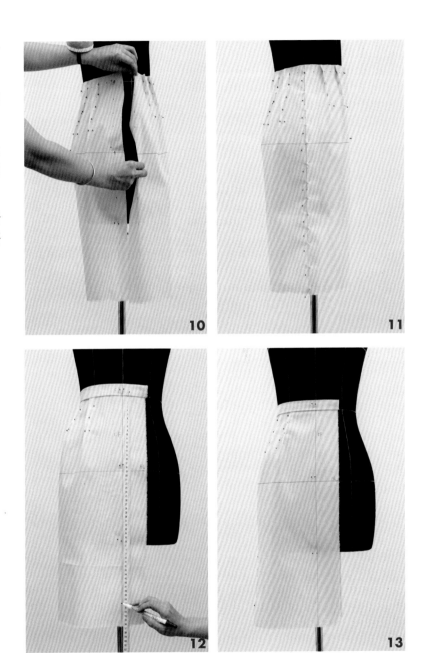

画腰围线

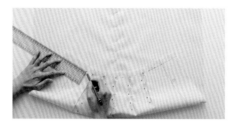 

1 将坯样从人台上拿下来，在桌面上把基本裙子摊平，将所有尖褶倒向后中心线，按照腰围线的记号将线条画顺，须注意前、后腰围线与前、后中心线的交叉处要用方格尺分别画一小段3~5cm的垂直线。

2 再用D形曲线尺连接至胁边线，完成腰围线。

3 缝份留1cm，将多余的布剪掉。

画下摆线

 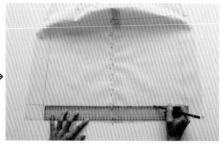

4 按照前中心线上所画的裙长记号，用方格尺从臀围线往下量至裙长记号处，在胁边线与后中心线的同样长度的下摆处做记号。用方格尺画线后完成下摆线，缝份留4cm，将多余的布剪掉。

画胁边线

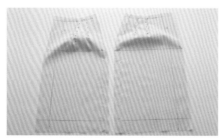 

5 把固定胁边的丝针拆下，前、后胁边分开。

6 臀围线至下摆线用方格尺画直线，注意臀围宽度与下摆宽度是一样的。

7 腰围线至臀围线用大弯尺画弧线，完成胁边线。

8 缝份留1.5cm，将多余的布剪掉。

画尖褶

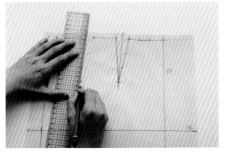

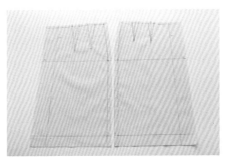

9 把固定尖褶的丝针拆下后，前、后尖褶打开，用方格尺画直线至褶尖点，再次确认褶长与褶向。

10 完成立裁样版。

修版后完成

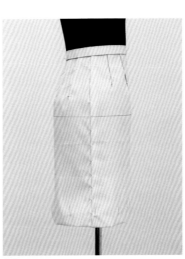

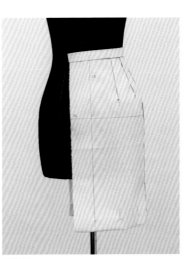

前面　　　　　　　侧面　　　　　　　后面

A字裙

结构分析

| 裙形外轮廓
伞状（A-Line）

| 结构设计
尖褶

| 臀腰差处理方法
前、后裙片各一道尖褶，松
份转移至下摆

| 臀围松份
整圈：小A6cm，中A8cm，
大A10cm

坯布准备

长度　依照设计的裙长，腰围线往上加3~5cm，裙长往下加5~7cm的粗裁量。

宽度　依照设计的裙摆宽，中心线往外加6cm，胁边线往外加12cm的粗裁量。

基准线　前、后中心线用红笔画线，臀围线用蓝笔画线。

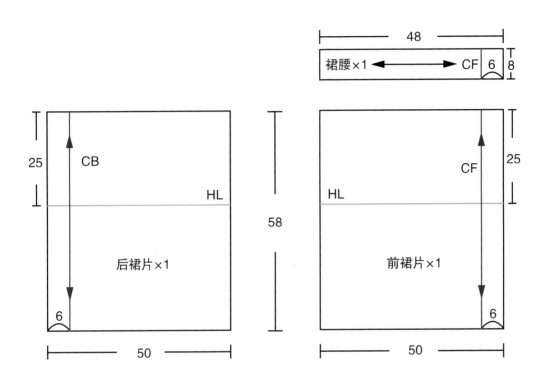

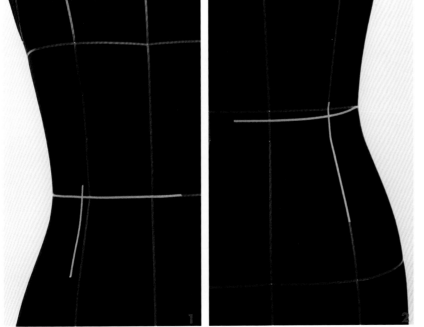

人台准备

用红色标示带在人台上贴出所需要的结构线：

1. 前裙片尖褶：尖褶的位置在前公主线往胁边方向0.5cm处，褶长10~11cm。

2. 后裙片尖褶：尖褶的位置在后公主线上，褶长13~14cm。后中心的腰围线往下降0.7~1cm。

前裙片

1 坯布上所画的前中心线和臀围线须对齐人台上的前中心线和臀围线，依次用丝针以V形固定前中心线与腰围线、臀围线交叉处，与下摆交叉处用倒V形固定。

2 坯布的臀围线上留1.5~2.5cm的松份(松份量为整圈松份除以4)，用丝针固定胁边线与臀围线交叉处。

3 腰围处抓一道尖褶，按照标示带贴的位置，褶宽约2.5cm。

4 褶长10~11cm，用丝针以抓别法固定尖褶。

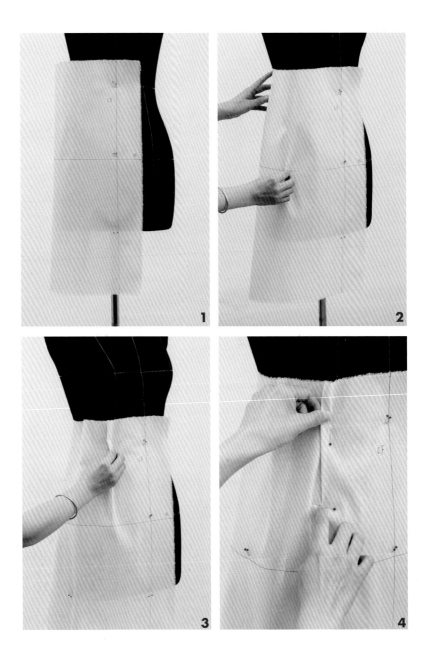

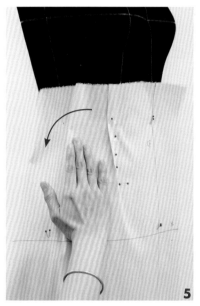

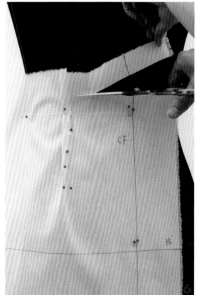

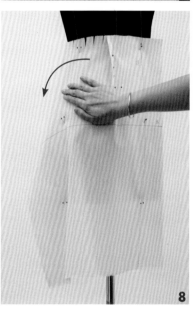

5 腰围多余的松份往下推到臀围后，用丝针固定胁边线与腰围线交叉处。

6 沿着腰围线往上留1.5cm的缝份后，将多余的布剪掉。

7 侧腰围线剪牙口。

8 再将臀围的松份推至下摆，使下摆变宽，胁边呈现出A字形的感觉。

9 注意观察，臀腰差转移至下摆，臀围线会往下倾斜，再次确认臀围线上留的松份后，用丝针以V形固定胁边线与臀围线交叉处，与卜摆交叉处用倒V形固定。

10 观察尖褶的位置、褶宽、褶长、褶向是否美观与均衡，腰围线、褶子、胁边线处用消失笔或4B铅笔画上记号。

11 沿着胁边线往外留2cm缝份后，将多余的布剪掉。

12 前裙片完成。

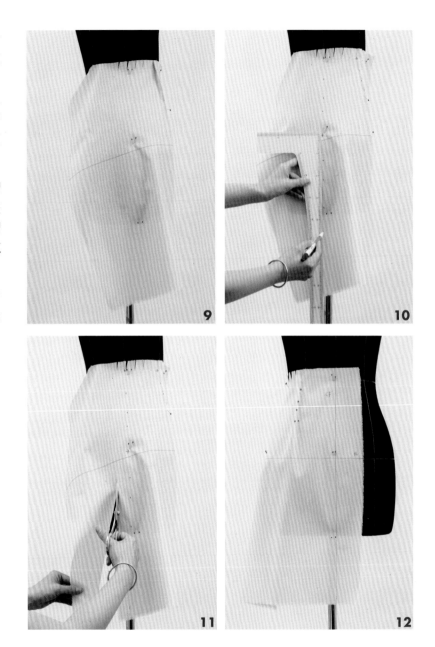

后裙片

1 坯布上所画的后中心线和臀围线须对齐人台上的后中心线和臀围线，依次用丝针以V形固定后中心线与腰围线、臀围线交叉处，与下摆交叉处用倒V形固定。

2 坯布的臀围线上留1.5~2.5cm的松份（松份量为整圈松份除以4），用丝针固定胁边线与臀围线交叉处。

3 腰围处抓一道尖褶，位置在后公主线上，褶宽约3.5cm。

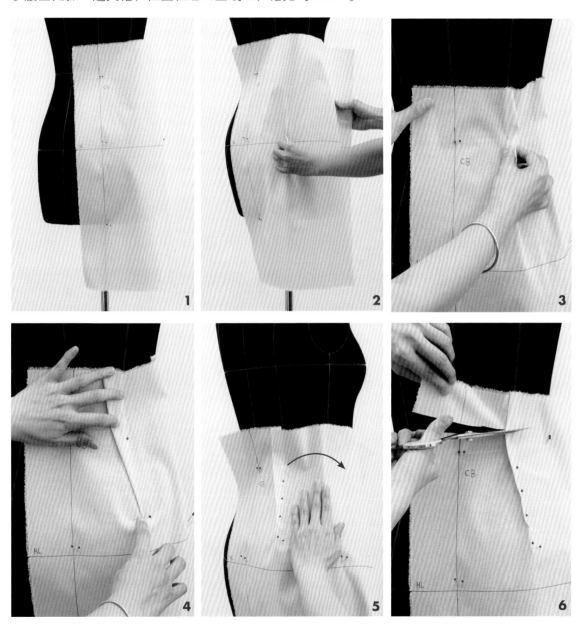

4 褶长13~14cm，用丝针以抓别法固定尖褶。

5 将腰围多余的松份往下推到臀围后，用丝针固定胁边线与腰围线交叉处。

6 沿着腰围线往上留1.5cm缝份后，将多余的布剪掉。

7 侧腰围剪牙口。

8 再将臀围的松份推至下摆，使下摆变宽，胁边呈现出A字形的感觉。

9 注意观察，臀腰差转移至下摆，臀围线会往下倾斜，再次确认臀围线上留的松份后，用丝针以V形固定胁边线与臀围线交叉处，与下摆交叉处用倒V形固定。

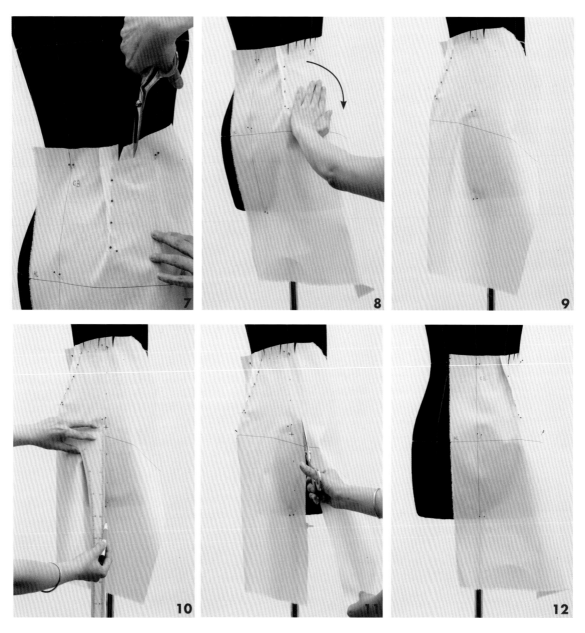

10 观察尖褶的位置、褶宽、褶长、褶向是否美观与均衡，在腰围线、褶子、胁边线处用消失笔或4B铅笔画上记号。

11 沿着胁边线往外留2cm缝份后，将多余的布剪掉。

12 后裙片完成。

13 将前裙片胁边的缝份往内折。

14 前、后裙片的胁边用丝针以盖别法固定，对合时要先对齐臀围线位置。

15 量出裙子长度后画上记号。

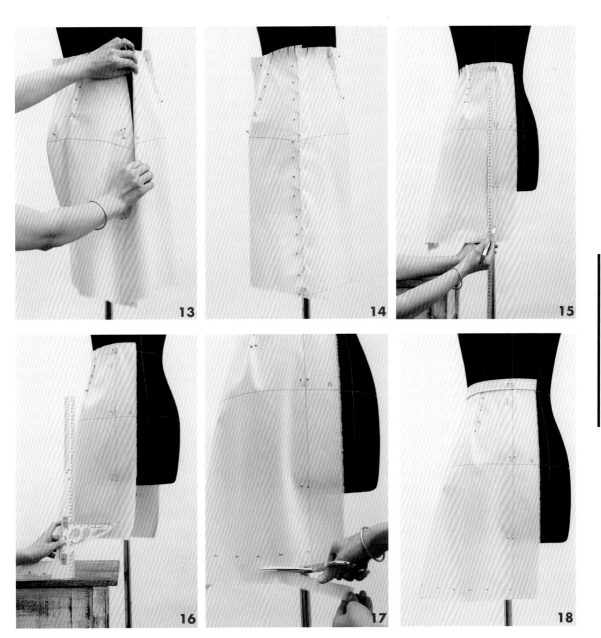

16 用L形直角尺测量从桌面到裙长记号处的尺寸。用纸胶带把三角板粘贴到L形直角尺上，用消失笔水平画出前、后裙长。

17 沿着裙子下摆线往下留4cm缝份后，将多余的布剪掉。

18 把裙腰放上去，用丝针横别固定。仔细观察外轮廓，看宽松份、尖褶的位置是否与设计稿相符。

画腰围线

1 将坯样从人台上拿下来，在桌面上把A字裙摊平，将所有尖褶倒向后中心线，按照腰围线的记号，将线条画顺，须注意前、后腰围线与前、后中心线的交叉处要用方格尺分别画一小段3~5cm的垂直线。

2 再用D形曲线尺连接至胁边线，完成腰围线。缝份留1cm，将多余的布剪掉。

画下摆线

画胁边线

3 按照下摆线的记号，将前、后下摆线画顺，须注意前、后下摆线与前、后中心线的交叉处要用方格尺分别画一小段5~7cm的垂直线。换大弯尺连至胁边线，完成下摆线。缝份留3cm后，将多余的布剪掉。

4 把固定胁边的丝针拆下，前、后胁边分开，臀围线至下摆线用方格尺画直线，腰围线至臀围线用大弯尺画弧线，完成胁边线。缝份各留1.5cm后，将多余的布剪掉。

画尖褶

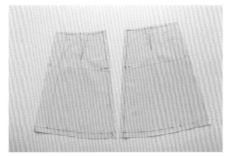

5 将前、后尖褶打开，按照尖褶的记号，用方格尺画直线至褶尖点，并检查前、后片的褶长与褶子的倒向。

6 完成立裁样版。

修版后完成

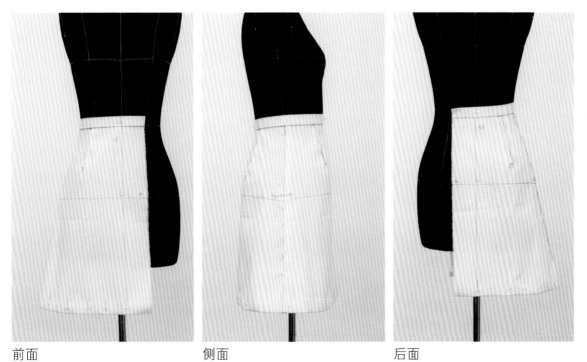

前面　　　　　　侧面　　　　　　后面

低腰剪接
单褶裙

结构分析

▌裙形外轮廓
伞状（A-Line）

▌结构设计
低腰 + 剪接线 + 两道单褶

▌臀腰差处理方法
褶转处理

▌臀围松份
整圈4~6cm

坯布准备

前、后剪接片 依照设计的剪接片，腰围线往上加3~5cm，剪接线往下加5cm的粗裁量。

前、后裙片长度 依照设计的裙长，剪接线往上加5cm，裙长往下加5~7cm的粗裁量。

前、后裙片宽度 依照设计的裙摆宽，中心线往外加6cm，胁边线往外加10cm，裙摆加两三道单褶，约30cm的粗裁量。

基准线 前、后中心线用红笔画线，臀围线用蓝笔画线。

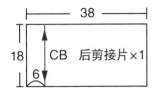

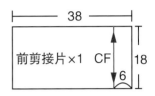

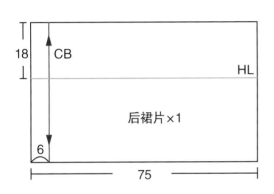

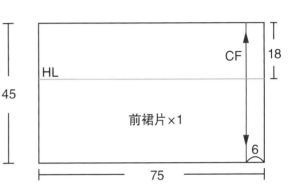

人台准备

用红色标示带在人台上贴出所需要的结构线：

1.低腰围线：3~4cm。

2.剪接线：5~6cm。

3.前裙片单褶位置：第一道单褶的位置在前公主线往前中心方向约0.5cm，第二道单褶的位置在第一道单褶与胁边线的中间。一道单褶长6~8cm。

4.后裙片单褶位置：第一道单褶的位置在后公主线往后中心方向约0.5cm，第二道单褶的位置在第一道单褶与胁边线的中间。一道单褶长6~8cm。

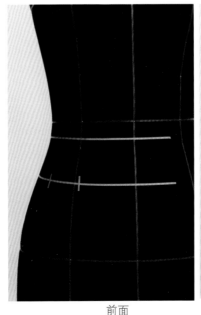

前面

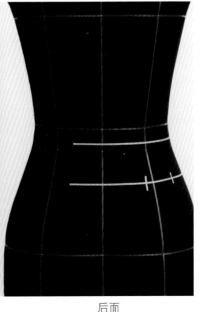

后面

制作步骤

前剪接片

1 坯布上所画的前中心线须对齐人台上的前中心线，用丝针以V形固定法和倒V形固定前剪接片的上下。

2 用右手掌将布往胁边抚平，不须留松份，用丝针以V形固定胁边线。

3 沿着前剪接片的上缘用消失笔暂时画上记号，往上留1.5cm的缝份后，将多余的布剪掉。

4 低腰围处剪牙口。

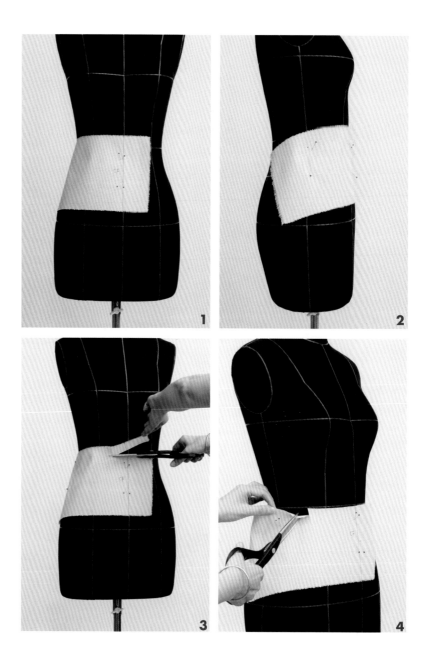

5 再一次用右手掌将布往胁边抚平，不须留松份，用丝针以V形固定胁边线，再用消失笔画上完成记号。

6 沿着前剪接片的下缘往下留1.5cm的缝份后，将多余的布剪掉。胁边线往外留2cm缝份后，将多余的布剪掉。

7 前剪接片完成。

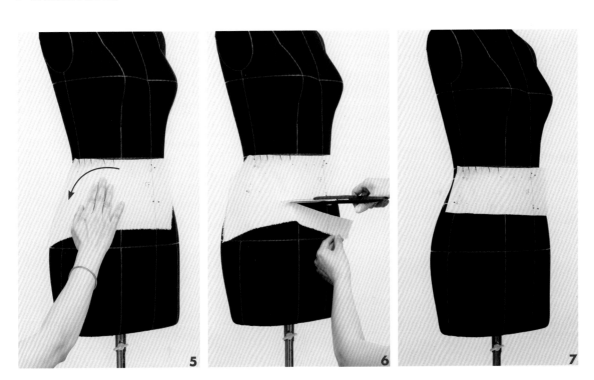

后剪接片

1 坯布上所画的后中心线须对齐人台上的后中心线，用丝针以V形和倒V形固定后剪接片上下。用右手掌将布往胁边抚平，不须留松份，用丝针以V形固定胁边线。

2 沿着后剪接片的上缘用消失笔暂时画上记号，往上留1.5cm的缝份后，将多余的布剪掉。

3 低腰围处剪牙口。

4 再一次用右手掌将布往胁边抚平，不须留松份，用丝针以V形固定胁边线，再用消失笔画上完成记号。

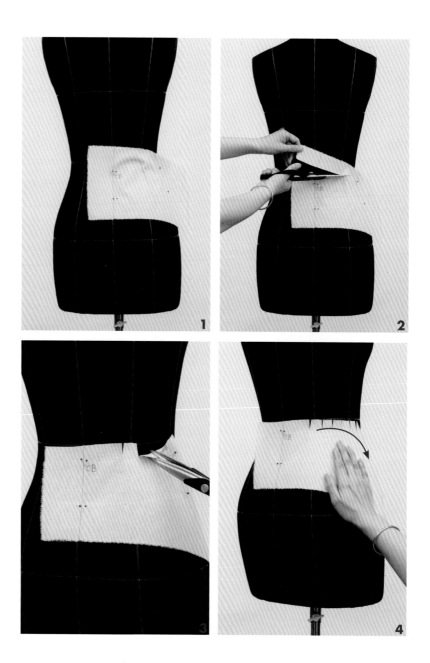

5 沿着后剪接片的下缘往下留1.5cm的缝份后，将多余的布剪掉。胁边线往外留2cm缝份后，将多余的布剪掉。

6 后剪接片完成。前剪接片胁边的缝份往内折。

7 前、后剪接片的胁边用丝针以盖别法固定。

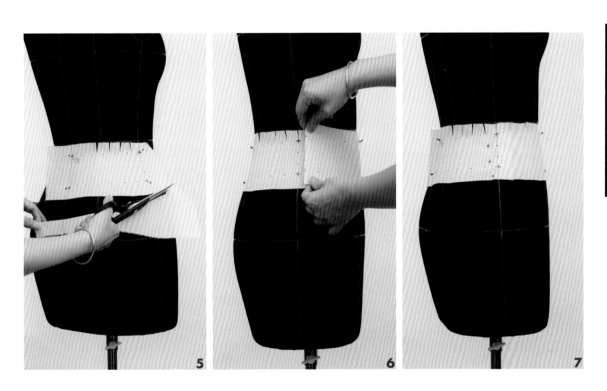

前裙片

1 坯布上所画的前中心线和臀围线须对齐人台上的前中心线和臀围线，依次用丝针以V形固定前中心线与剪接线、臀围线交叉处，与下摆交叉处用倒V形固定。

2 按照标示带贴的位置分配两道单褶。抓第一道单褶，单褶长6~8cm。

3 注意臀围线要保持水平，上下抓等宽，用丝针以盖别法固定单褶。

4 抓第二道单褶，注意臀围线保持水平，上下抓等宽。

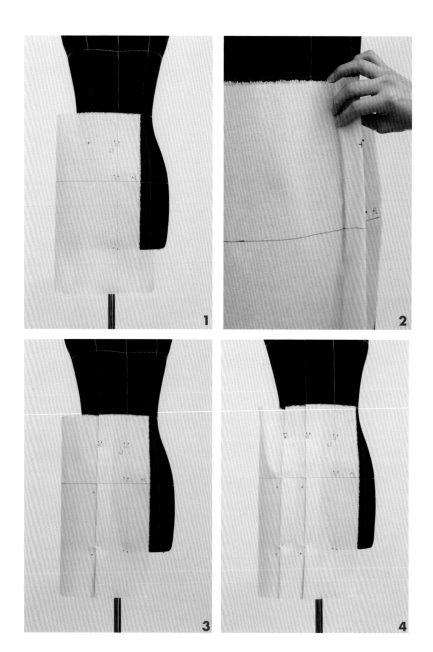

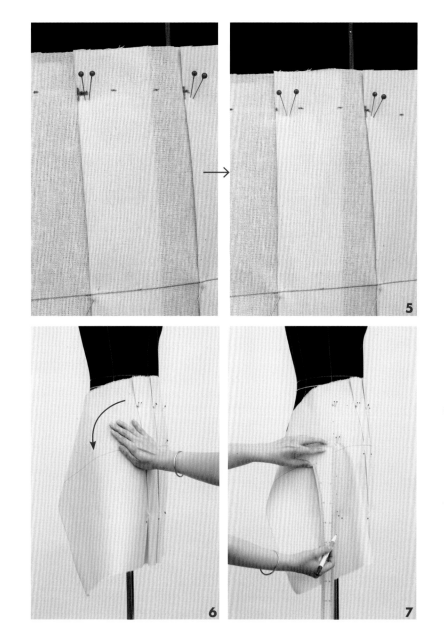

5 臀围线以上微调成外八的线条，用丝针以盖别法固定单褶。

6 剪接线处多余的松份推至下摆，使下摆变宽，胁边呈现出A字形的感觉，臀围线会往下倾斜。

7 臀围线上留1~1.5cm的松份后，用丝针以V形固定胁边线与剪接线、臀围线交叉处，与下摆交叉处用倒V形固定。剪接线、单褶、胁边线处用消失笔画上完成记号。

8 沿着胁边线往外留2cm缝份后，将多余的布剪掉。

9 沿着剪接线往上留1.5cm缝份后，将多余的布剪掉。

10 前裙片完成。

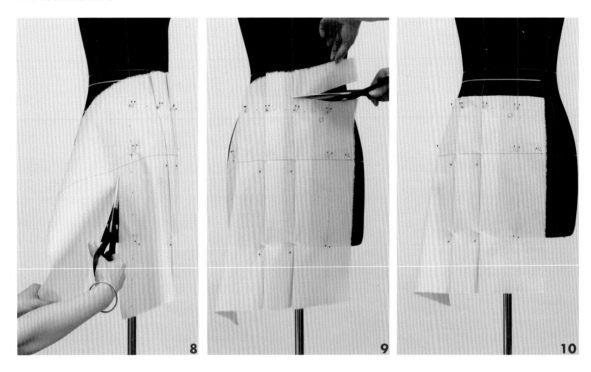

后裙片

1 坯布上所画的后中心线和臀围线须对齐人台上的后中心线和臀围线,依次用丝针以V形固定后中心线与剪接线、臀围线交叉处,与下摆交叉处用倒V形固定。

2 按照标示带贴的位置分配两道单褶。抓第一道单褶,单褶长6~8cm。注意臀围线要保持水平,上下抓等宽,用丝针以盖别法固定单褶。

3 抓第二道单褶,注意臀围线保持水平,上下抓等宽后,剪接线处会出现多余的松份。

4 把多余的松份纳入单褶里,臀围线以上微调成外八的线条,用丝针以盖别法固定单褶。

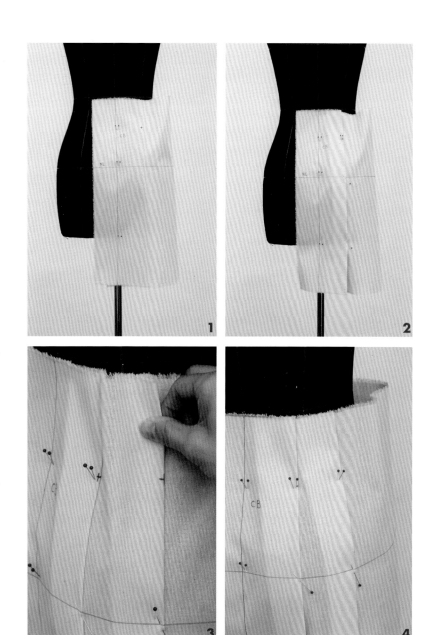

5 剪接线处剩下的多余松份推至下摆，使下摆变宽，胁边呈现出A形的感觉，臀围线会往下倾斜。

6 臀围线上留1~1.5cm的松份后，用丝针以V形固定胁边线与剪接线、臀围线交叉处，与下摆交叉处用倒V形固定。剪接线、单褶、胁边线处用消失笔画上完成记号。

7 沿着胁边线往外留2cm缝份后，将多余的布剪掉。

8 沿着剪接线往上留1.5cm缝份后，将多余的布剪掉。

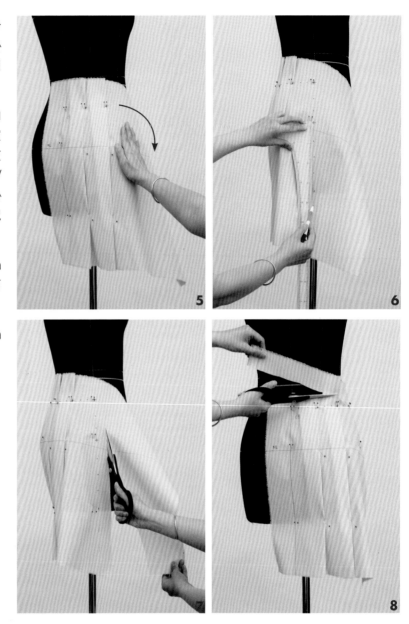

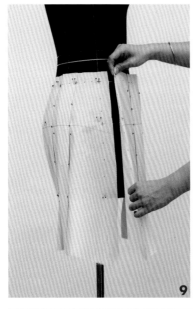

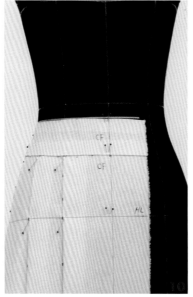

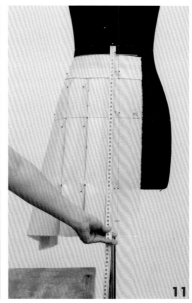

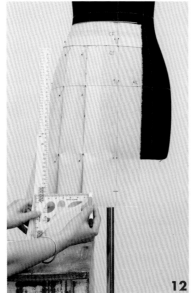

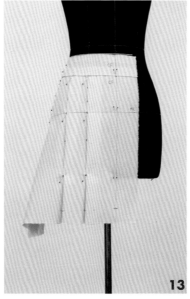

9 后裙片完成。前裙片胁边的缝份往内折。前、后裙片的胁边用丝针以盖别法固定，对合时要先对齐臀围线位置。

10 将前、后剪接片的缝份往内折好，放在前、后裙片上，用丝针以盖别法固定。

11 量出裙子长度后画上记号。

12 用L形直角尺测量从桌面到裙长记号的尺寸。用纸胶带把三角板粘贴到L形直角尺上，用消失笔水平画出前、后裙长记号。

13 仔细观察外轮廓，看宽松份、单褶的位置是否与设计稿相符。

画前、后剪接片

 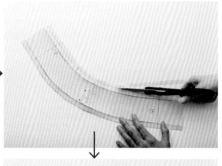

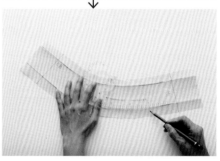

1 将前、后剪接片的坯样从人台上拿下来，按照低腰围的记号线，将前、后低腰围线画顺，须注意前、后低腰围线与前、后中心线的交叉处要用方格尺分别画一小段3~5cm的垂直线。再用D形曲线尺连接至胁边线，完成低腰围线与剪接线。缝份留1cm，将多余的布剪掉。

2 把固定胁边的丝针拆下，前、后剪接片胁边分开，用大弯尺画弧线，完成胁边线。缝份各留1.5cm，将多余的布剪掉。

画前、后裙片

3 将前、后裙片的坯样从人台上拿下来，按照剪接线的记号，将前、后剪接线画顺，须注意前、后剪接线与前、后中心线的交叉处要用方格尺分别画一小段3~5cm的垂直线。再用D形曲线尺连接至胁边线，完成裙片的剪接线。缝份留1cm，将多余的布剪掉。

画下摆线

4 按照下摆线的记号，将前、后下摆线画顺，须注意前、后下摆线与前、后中心线的交叉处要用方格尺分别画一小段5~7cm的垂直线。再用大弯尺连接至胁边线，完成裙片的下摆线。缝份留3cm，将多余的布剪掉。

画胁边线

5 把固定胁边的丝针拆下，前、后胁边分开，臀围线至下摆线用方格尺画直线，剪接线至臀围线处用大弯尺画弧线，完成胁边线。缝份各留1.5cm，将多余的布剪掉。

画单褶

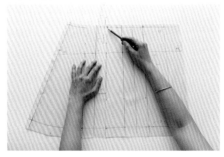

6 把第一道单褶的丝针拆下，前、后单褶打开，用方格尺画直线，再把第二道单褶的丝针拆下，前、后单褶打开，臀围线至下摆线用方格尺画直线，臀围线至剪接线用大弯尺画弧线，完成单褶线。

完成立裁样板

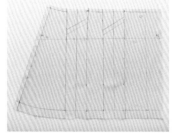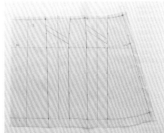

修版后完成

前面　　　　　　侧面　　　　　　后面

高腰鱼尾裙

结构分析

▌ **裙形外轮廓**
  钟形

▌ **结构设计**
  高腰 + 剪接线

▌ **臀腰差处理方法**
  褶子纳入剪接线

▌ **臀围松份**
  整圈4~6cm

坯布准备

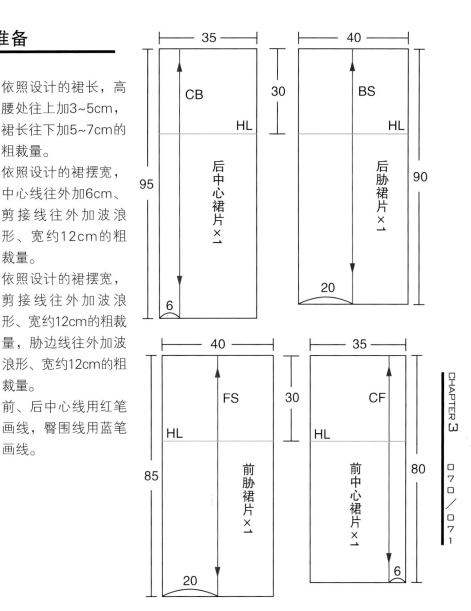

长度　依照设计的裙长，高腰处往上加3~5cm，裙长往下加5~7cm的粗裁量。

前、后中心裙片宽度　依照设计的裙摆宽，中心线往外加6cm、剪接线往外加波浪形、宽约12cm的粗裁量。

前、后胁裙片宽度　依照设计的裙摆宽，剪接线往外加波浪形、宽约12cm的粗裁量，胁边线往外加波浪形、宽约12cm的粗裁量。

基准线　前、后中心线用红笔画线，臀围线用蓝笔画线。

（图示标注）
- 35　CB　HL　后中心裙片×1　95　6
- 40　30　BS　HL　后胁裙片×1　90　20
- 40　FS　HL　前胁裙片×1　85　20
- 35　30　CF　HL　前中心裙片×1　80　6

人台准备

用红色标示带在人台上贴出所需要的结构线:

1. 后中心的腰围线下降0.7~1cm。
2. 前、后高腰5~6cm。
3. 裙子剪接片为偶数(如6、8、10片)。此款为六片。
4. 前胁与后胁的中心贴垂直线。
5. 标出鱼尾波浪点。

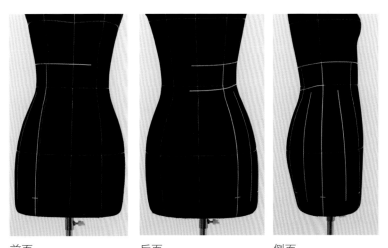

前面　　　　后面　　　　侧面

前裙片

1 将前中心裙片坯布上所画的前中心线和臀围线须对齐人台上的前中心线和臀围线，依次用丝针以V形固定前中心线与臀围线、腰围线、高腰围线交叉处，与下摆交叉处则用倒V形固定。接着，臀围线保持水平后，用丝针以V形固定剪接线与臀围线、腰围线、高腰围线交叉处及鱼尾高度处。

2 用消失笔画上记号后，剪刀从鱼尾高度处往上留1.5cm后剪入，沿着记号往外留1.5cm缝份，将多余的布剪掉。

3 在鱼尾高度处剪一刀牙口。

4 抓出鱼尾的波浪，约8cm。用消失笔或4B铅笔画上记号。

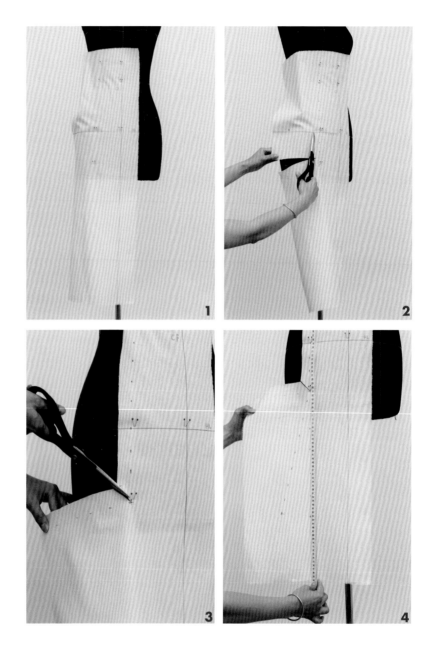

5 沿着记号往外留1.5cm缝份后，将多余的布剪掉。

6 腰围线及上下剪三刀牙口。

7 前中心裙片完成。

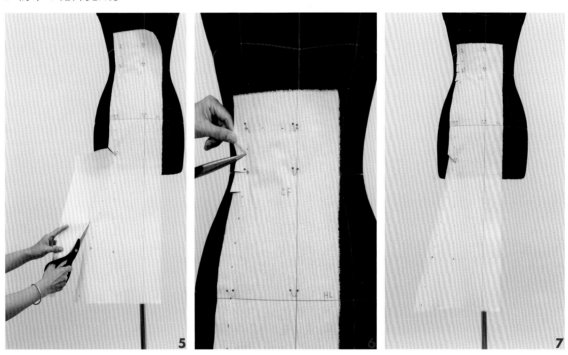

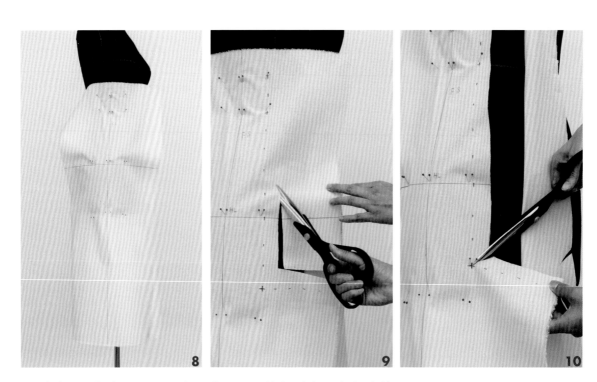

8 前胁裙片坯布上所画的中心线和臀围线须对齐人台上的前胁中心线和臀围线，依次用丝针以V形固定前胁中心线与臀围线、腰围线、高腰围线交叉处及鱼尾高度处。

9 用消失笔做记号后，剪刀从鱼尾高度处往上留1.5cm后剪入，沿着记号往外留1.5cm缝份后，将多余的布剪掉。

10 在鱼尾高度处剪一刀牙口。

11 前中心裙片缝份折入，用丝针以盖别法将前中心裙片与前胁裙片固定至鱼尾高度处。

12 前胁裙片抓出鱼尾的波浪，波浪大小与前中心裙片相同，约8cm。用消失笔画上记号。

13 前中心裙片缝份折入，用丝针以盖别法将前中心裙片与前胁裙片固定至裙摆处。

14 前胁裙片在臀围线处抓1cm的松份，腰围线处松份约0.5cm。

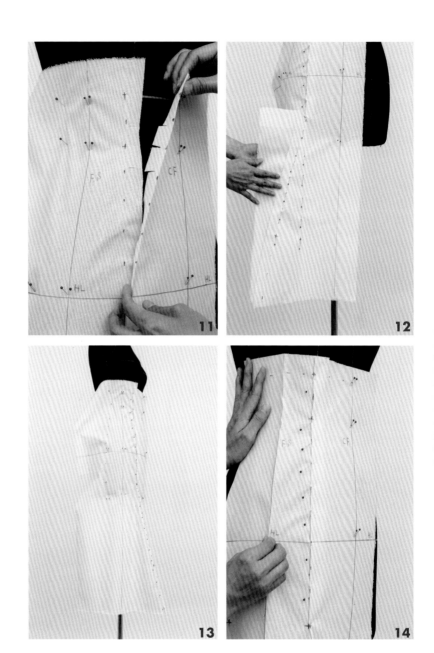

15 用丝针以V形固定胁边线与臀围线、腰围线、高腰围线交叉处及鱼尾高度处。用消失笔画上记号后，剪刀从鱼尾高度处往上留1.5cm后剪入，沿着记号往外留1.5cm缝份后，将多余的布剪掉。

16 在鱼尾高度处剪一刀牙口。

17 胁边腰围线及上下剪三刀牙口。

18 胁边处抓出鱼尾的波浪，波浪大小与前中心裙片相同，约8cm。用消失笔画上记号。沿着记号往外留1.5cm缝份后，将多余的布剪掉。

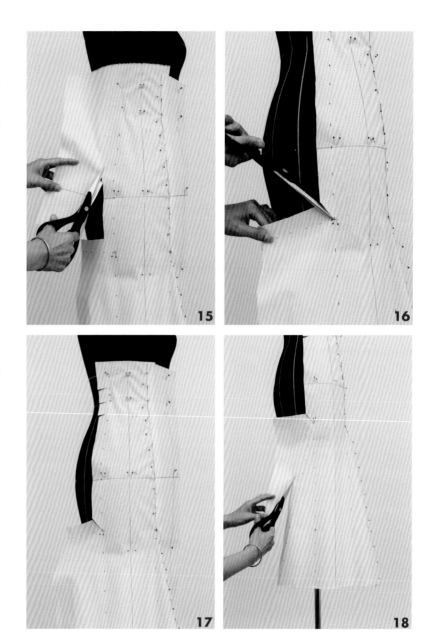

后裙片

1 后中心裙片坯布上所画的后中心线和臀围线须对齐人台上的后中心线和臀围线，依次用丝针以V形固定后中心线与臀围线、腰围线、高腰围线交叉处，与下摆交叉处用倒V形固定。接着，臀围线保持水平后，再用丝针以V形固定剪接线与臀围线交叉处。

2 在腰围的剪接线处，先抓一道尖褶，用丝针以抓别法固定。

3 用消失笔画上记号后，剪刀从鱼尾高度处往上留1.5cm后剪入，沿着记号往外留1.5cm缝份后，将多余的布剪掉。

4 将固定尖褶的丝针拆下，沿着记号往外留1.5cm缝份后，再将多余的布剪掉。

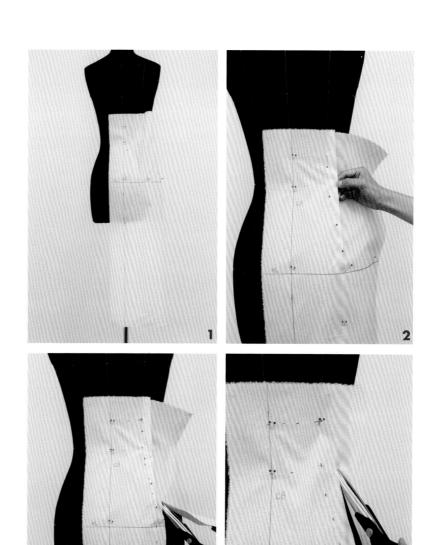

5 剪接线的腰围线及上下剪三刀牙口。

6 在鱼尾高度处剪一刀牙口。

7 抓出鱼尾的波浪，波浪大小与前片相同，约8cm。用消失笔画上记号。

8 后中心裙片完成。

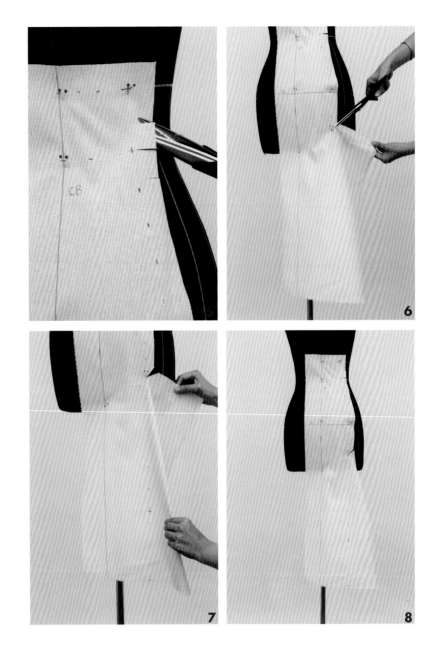

9 后胁裙片坯布上所画的中心线和臀围线须对齐人台上的后胁中心线和臀围线，依次用丝针以V形固定后胁中心线与臀围线、腰围线、高腰围线交叉处及鱼尾高度处。

10 在腰围的剪接线处，先抓一道尖褶，用丝针以抓别法固定。

11 用消失笔画上记号后，剪刀从鱼尾高度处往上留1.5cm后剪入，沿着记号往外留1.5cm缝份后，将多余的布剪掉，并在鱼尾高度处剪一刀牙口。

12 将固定尖褶的丝针拆下，沿着记号往外留1.5cm缝份后，再将多余的布剪掉。

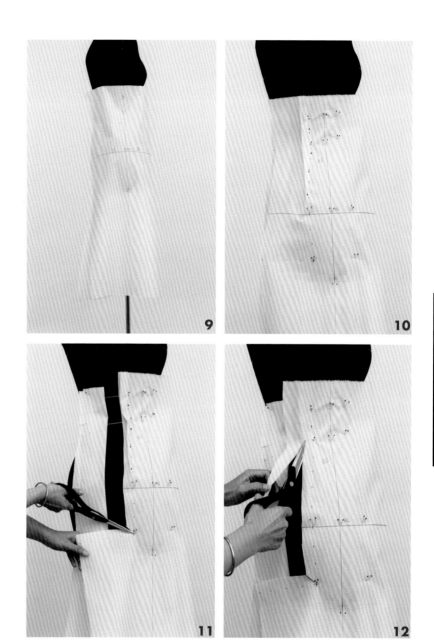

13 后胁裙片抓出鱼尾的波浪，波浪大小与后中心裙片相同，约8cm。用消失笔画上记号，沿着记号往外留1.5cm缝份后，将多余的布剪掉。

14 后中心裙片缝份折入，用丝针以盖别法将后中心裙片与后胁裙片固定至裙摆处。

15 后胁裙片在臀围线处抓1cm的松份，腰围处松份约0.5cm。

16 用丝针以V形固定胁边线与臀围线、腰围线、高腰围线交叉处及鱼尾高度处。用消失笔画上记号后，剪刀从鱼尾高度处往上留1.5cm后剪入，沿着记号往外留1.5cm缝份后，将多余的布剪掉，并在鱼尾高度处剪一刀牙口。

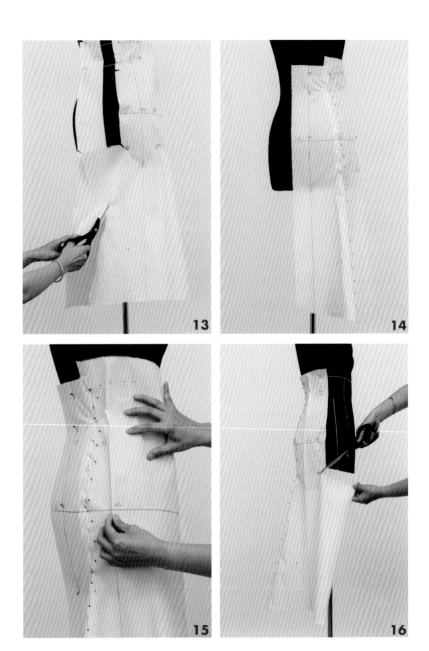

17 胁边处抓出鱼尾的波浪，波浪大小与前胁裙片相同，约8cm。用消失笔画上记号，沿着记号往外留1.5cm缝份后，将多余的布剪掉。

18 将前胁裙片缝份折入，用丝针以盖别法将前胁裙片与后胁裙片固定至裙摆处。画出裙子的长度，此款为前短后长。

19 完成鱼尾裙下摆波浪。仔细观察外轮廓，看宽松份、剪接线的位置是否与设计稿相符。

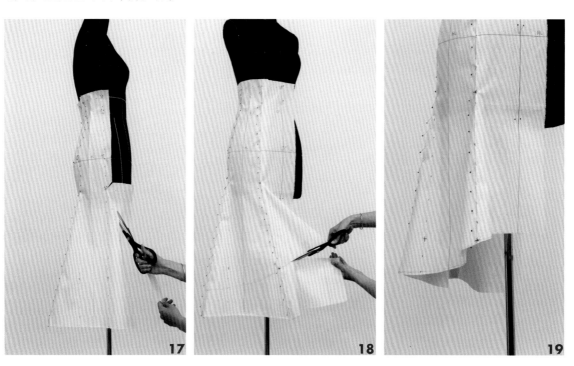

画下摆线

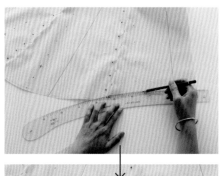

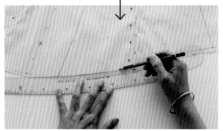

1 将坯样从人台上拿下来，在桌面上把高腰鱼尾裙的裙摆摊平，按照下摆的记号，将前、后下摆线画顺，须注意前、后下摆线与前、后中心线的交叉处要用方格尺分别画一小段5~7cm的垂直线。

2 换大弯尺连至胁边线，完成下摆线。

画胁边线

3 下摆缝份留1cm，将多余的布剪掉。

4 前、后裙片胁边分开。前胁裙片的鱼尾高度处至下摆线处用方格尺画直线。

5 腰围线至鱼尾高度处用大弯尺画弧线。

6 腰围线至高腰围线处用方格尺画直线。

画腰围线

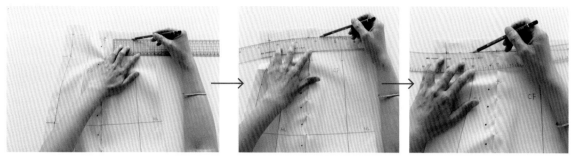

7 按照高腰围线的记号，将前、后高腰围线画顺。须注意前、后高腰围线与前、后中心线的交叉处要先用方格尺分别画一小段3~5cm的垂直线，再换大弯尺画弧线。

8 高腰围线往外留1cm缝份后，将多余的布剪掉。

9 前中心裙片与前胁裙片分开，前中心裙片剪接线画线方法与步骤4、5、6相同。

10 后裙片剪接线画线方法亦与前裙片相同。完成立裁样版。

修版后完成

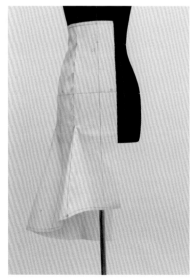

前面

侧面

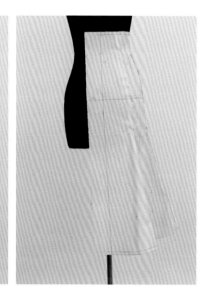

后面

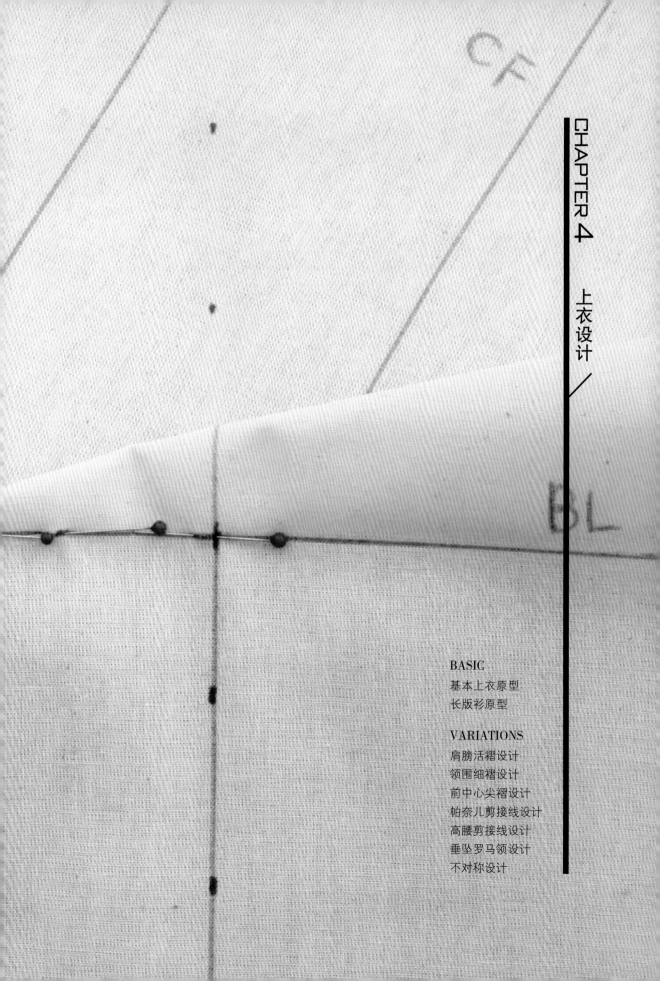

CHAPTER 4 上衣设计

上衣构成原理

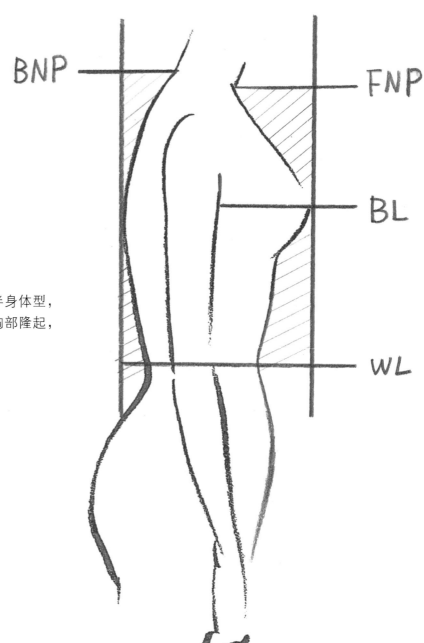

人体侧面观察

从侧面仔细观察人体上半身体型，女子的身体特征是前面胸部隆起，后面则是肩胛骨突出。

上衣的松份处理

将布料包覆前胸部与后肩胛骨，并将多余的宽松份用尖褶、活褶、单褶、细褶、波浪等五种基本技法处理，转变成各式各样的流行款式，或者运用剪接线设计来处理。

增加立体感的立裁技巧

胸部的乳尖点与肩胛骨的凸点是立体裁剪时的基准点，无论宽松份在哪个位置、用哪一种技法，最终都是朝向乳尖点（BP）与肩胛骨点，以增加立体度。

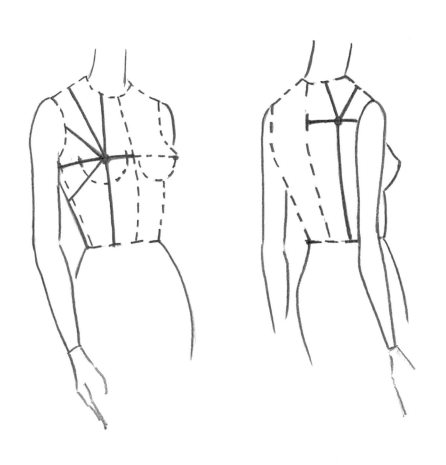

基本
上衣原型

结构分析

■ 上衣外轮廓
合身（X-Line）

■ 结构设计
尖褶

■ 胸腰差处理方法
前身片胁边褶与腰褶、后
身片肩褶与腰褶

■ 胸围松份
整圈4~6cm

■ 腰围松份
整圈2.5~4cm

坯布准备

长度　依照设计的衣长，从侧颈点通过乳尖点再到腰围线，上下各加5cm的粗裁量。

宽度　依照设计的衣身宽，中心线往外加10cm，胁边线往外加5cm的粗裁量。

基准线　前、后中心线用红笔画线，胸围线用蓝笔画线。

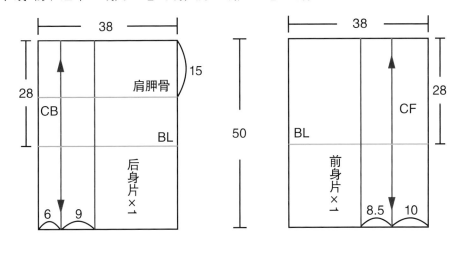

人台准备

用红色标示带在人台上贴出所需要的结构线：

1.前身片腰褶：在前公主线上，褶长为从BP往下2~3cm处至腰围线。

2.前身片胁边褶：在胁边线上，从胸围线往下3~4cm处，至BP往右2~3cm处。

3.后身片腰褶：在后公主线上，褶长为从胸围线往上2cm处至腰围线。

4.后身片肩褶：在后公主线上，肩线中点至往下6~7cm处。

5.后身片肩胛骨线：从后中心的胸围线往上13cm处，平行贴至袖窿线。

6.前、后腋点：胸围线往上7.5cm，在袖窿线上固定珠针，作为前、后腋点的位置。

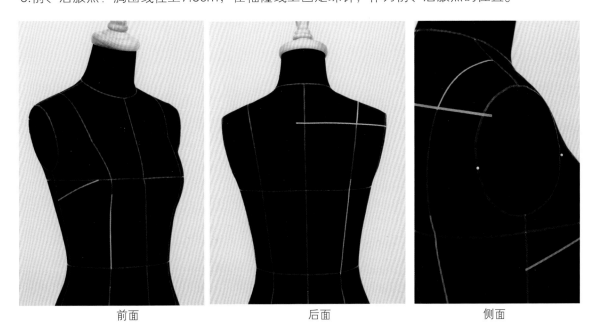

前面　　　　　　　　后面　　　　　　　　侧面

前身片

1 坯布上所画的前中心线和胸围线须对齐人台上的前中心线和胸围线，依次用丝针以V形固定前中心线与领围线交叉处、左右BP处，前中心线与腰围线交叉处则用倒V形固定。接着，胸围线保持水平至胁边线处，用丝针以V形固定，再垂直往下至腰围线处，用倒V形固定。

2 用消失笔暂时画出领围线。

3 沿着领围线往上留1.5cm缝份后，将多余的布剪掉。

4 领围线剪牙口，间距为1cm。

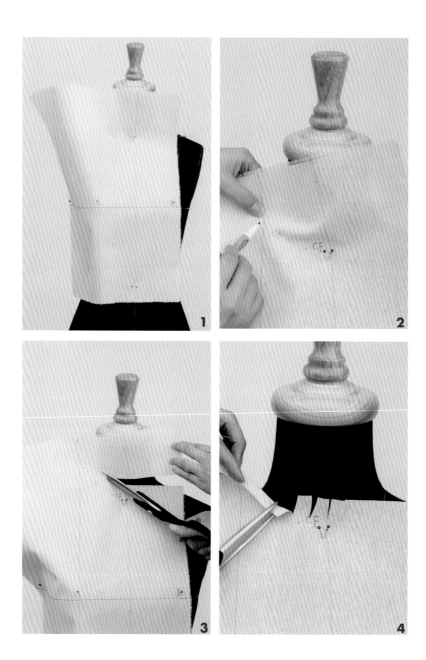

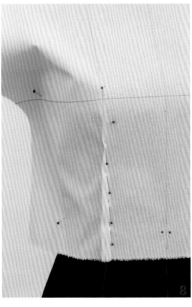

5 用右手掌从胸部把布抚平并推至肩膀后，用丝针固定侧颈点与肩点。领围线用消失笔画上完成记号。

6 肩线用消失笔画上记号，沿着肩线往外留2cm缝份后，将多余的布剪掉。

7 做腰褶：在前公主线上抓一道尖褶，褶宽2.5~3cm。

8 褶长为从BP往下2~3cm处至腰围线，用丝针以抓别法固定尖褶。

9 沿着腰围线往下留1.5cm缝份后,将多余的布剪掉并剪牙口。

10 侧腰围线上留0.6~1cm的松份(松份量为整圈松份除以4),用丝针别住松份,将多余的松份往胁边推,用丝针以倒V形固定胁边线与腰围线交叉处。

11 将袖窿的松份往下推至胸围线下3~4cm处。

12 做胁边褶:将所有的松份抓成一道尖褶。

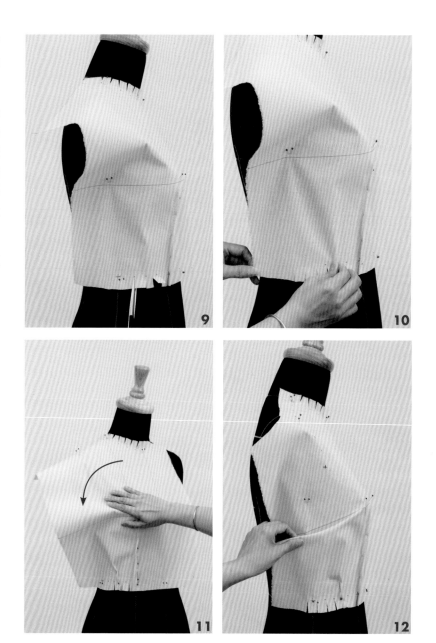

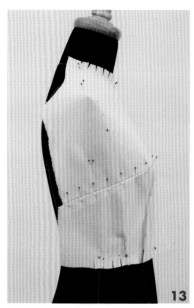

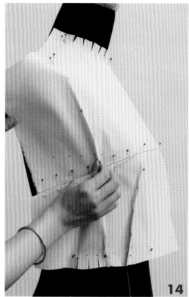

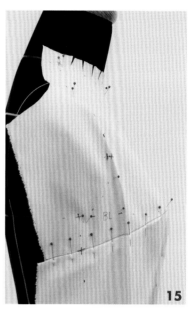

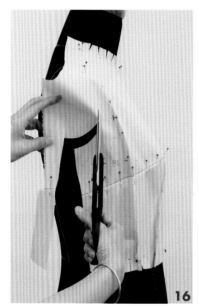

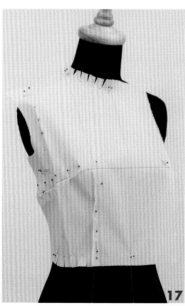

13 用丝针以盖别法固定尖褶。用消失笔画出前腋点记号。

14 胸围线上留1~1.5cm的松份（松份量为整圈松份除以4）。

15 用丝针固定松份，再固定胁边线与胸围线交叉处。用消失笔画出新的前腋点、胸围线、胁边线、胁边褶、腰围线、腰褶记号。

16 沿着胁边线往外留2cm的缝份，袖窿线往外留1.5cm的缝份后，将多余的布剪掉。

17 前身片完成。

后身片

1 坯布上所画的后中心线和胸围线须对齐人台上的后中心线和胸围线，依次用丝针以V形固定后中心线与领围线、胸围线交叉处，与腰围线交叉处则用倒V形固定。肩胛骨线保持水平至袖窿线处，用丝针以V形固定。

2 用消失笔暂时画出领围线。

3 沿着领围线往上留1.5cm缝份后，将多余的布剪掉。

4 领围线剪牙口，间距为1cm。用右手掌从肩胛骨把布抚平并推至肩膀前，用丝针固定侧颈点与肩点，领围线用消失笔画上完成记号。

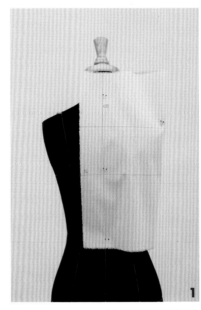

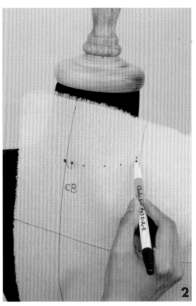

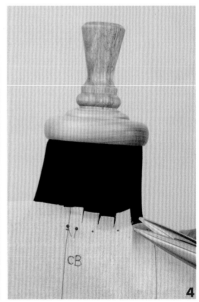

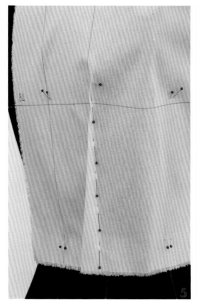 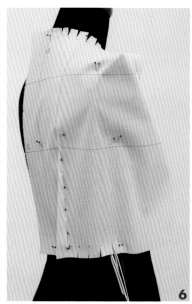 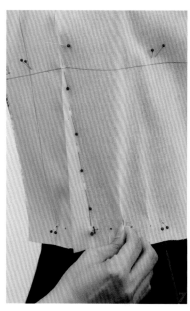

5 胸围线保持水平至胁边线处，用丝针以V形固定，再垂直往下至腰围线处，用倒V形固定。做腰褶：在后公主线上抓一道尖褶，褶宽3.5~4cm。褶长从胸围线往上2cm处至腰围线，用丝针以抓别法固定尖褶。

6 沿着腰围线往下留1.5cm缝份后，将多余的布剪掉并剪牙口。

7 侧腰围线上留0.6~1cm的松份（松份量为整圈松份除以4），用丝针别住松份，将多余的松份往胁边推，用丝针以倒V形固定胁边线与腰围线交叉处。

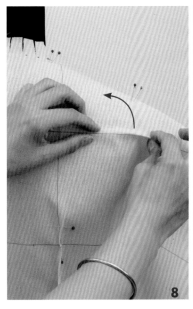

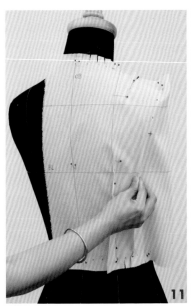

8 将袖窿多余的松份往肩膀上推去，用丝针固定肩点。

9 做肩褶：在后公主线上抓一道尖褶，褶宽1.2~1.4cm，褶长6~7cm，用丝针以抓别法固定尖褶。

10 沿着肩线往外留2cm缝份后，将多余的布剪掉。

11 胸围线上留1~1.5cm的松份（松份量为整圈松份除以4）。

12 用丝针固定松份，再固定胁边线与胸围线交叉处。用消失笔画出新的后腋点、胸围线、胁边线、腰围线、腰褶、肩褶记号。

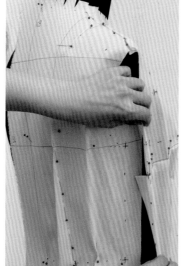

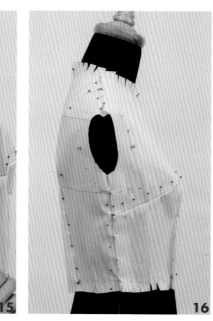

13 沿着胁边线往外留2cm缝份，沿着袖窿线往外留1.5cm缝份后，将多余的布剪掉。

14 前、后身片肩膀用丝针以盖别法固定。

15 前、后身片胁边用丝针以盖别法固定。

16 仔细观察外轮廓，看宽松份、尖褶的位置是否与设计稿相符。

画衣长线

1 按照衣长线的记号，前、后中心的衣长线用方格尺分别画一小段约5cm的垂直线，用大弯尺将衣长线画顺并连至胁边线。

2 衣长线往外留1cm缝份后，将多余的布剪掉。

画领围线

 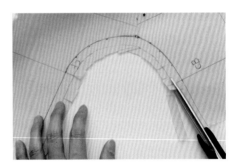

3 按照领围线的记号，前中心的领围线用方格尺画一小段约0.5cm的垂直线，后中心的领围线用方格尺画一小段约2cm的垂直线。用D形曲线尺将领围线画顺。

4 领围线往外留1cm缝份后，将多余的布剪掉。

画胁边线与袖窿线

5 前、后胁边分开，用方格尺画直线后，沿着胁边线往外留1.5cm缝份，将多余的布剪掉。按照袖窿线的记号，用D形曲线尺将袖窿线画顺，沿着袖窿线往外留1cm缝份，将多余的布剪掉。

画肩线

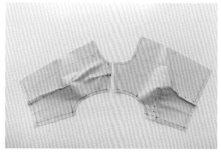
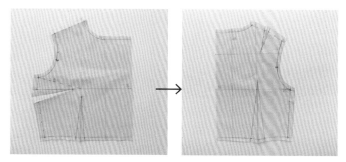

6 前、后肩线分开，用方格尺画直线。沿着肩线往外留1.5cm缝份后，将多余的布剪掉。

7 按照褶子记号，用方格尺画直线。完成立裁样版。

修版后完成

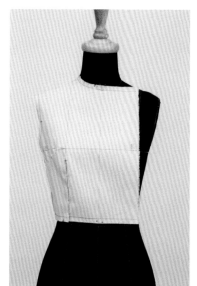

前面

侧面

后面

长版衫原型

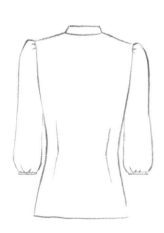

结构分析

▌上衣外轮廓
合身（X-Line）

▌结构设计
尖褶

▌胸腰差处理方法
前身片胁边褶与腰褶、后身片腰褶

▌胸围松份
整圈6~8cm

▌腰围松份
整圈6~8cm

▌臀围松份
整圈6~8cm

坯布准备

长度 依照设计的衣长，从侧颈点通过乳尖点再到臀围线，上下各加5cm的粗裁量。

宽度 依照设计的衣身宽，中心线往外加10cm，胁边线往外加8cm的粗裁量。

基准线 前、后中心线用红笔画线，胸围线与腰围线用蓝笔画线。

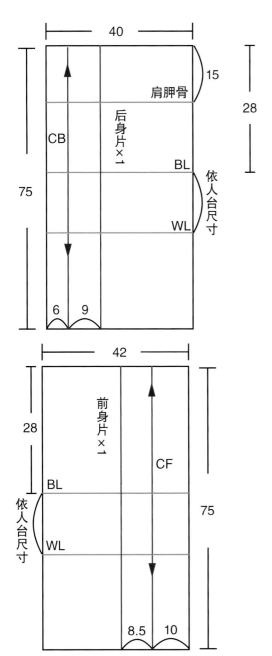

人台准备

用红色标示带在人台上贴出所需要的结构线：

前面

1.胁边褶：从胸围线往下4cm处开始，长13cm。

2.腰褶：长度为从腰围线往上14cm处至腰围线下11cm处。

3.领围线：前颈点下降约1.5cm。

4.衣长：在臀围线上，胁边处为臀围线往上5cm。

袖窿线

1.袖窿线：肩点往内约1.5cm，腋下点下降至胸围线。

后面

1.腰褶：长度为从腰围线往上16cm处至腰围线往下14cm处。

2.领围线：后颈点下降约0.5cm。

3.衣长：在臀围线上，胁边处在臀围线往上5cm处。

前身片

1 坯布上所画的前中心线和胸围线须对齐人台上的前中心线和胸围线，依次用丝针以V形固定前中心线与领围线交叉处、左右BP处，前中心腰围线上、下各5cm处横别固定，臀围线与下摆处则用倒V形固定。接着，胸围线保持水平至胁边线处，用丝针以V形固定。

2 用消失笔暂时画出领围线记号，沿着领围线往上留1.5cm缝份后，将多余的布剪掉并剪牙口。用右手掌从胸部把布抚平并推至肩膀后，用丝针固定侧颈点与肩点，再用消失笔画出肩线记号，并沿着肩线往外留2cm缝份，将多余的布剪掉。

3 臀围线上留1.5~2cm的松份（松份量为整圈松份除以4），用丝针固定胁边线与臀围线交叉处。

4 抓腰褶：按照标示线抓一道尖褶，褶宽2.5~3cm，用丝针以抓别法固定尖褶。

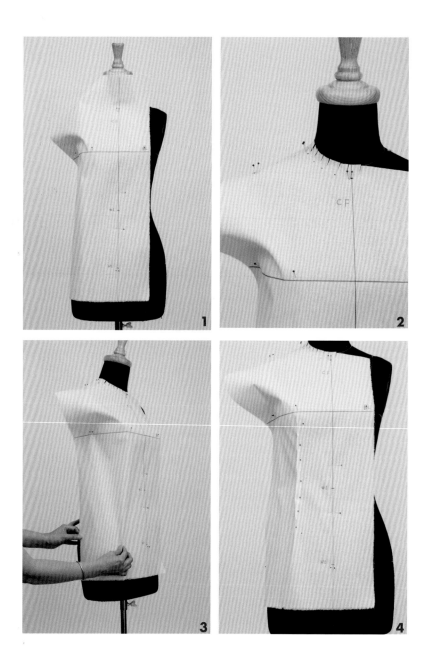

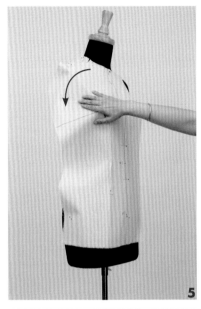
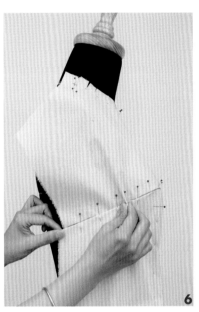
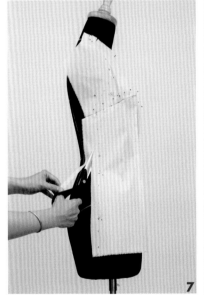

5 将袖窿的松份往下推至胸围线下3~4cm处。

6 做胁边褶：用丝针以盖别法固定尖褶，胸围线上留1.5~2cm的松份（松份量为整圈松份除以4）。

7 用丝针固定胁边线与胸围线交叉处、胁边线与腰围线交叉点往下3cm处。用消失笔画出胁边线与袖窿线记号后，沿着胁边线往外留2cm缝份，沿着袖窿线往外留1.5cm缝份，将多余的布剪掉。

8 在胁边的腰围线及腰围线上、下各3cm处各剪一刀牙口，将腰围缩小。前身片完成。

后身片

1 坯布上所画的后中心线和胸围线须对齐人台上的后中心线和胸围线，依次用丝针以V形固定后中心线与领围线、胸围线交叉处。后中心腰围线上、下各5cm处横别固定，臀围线与下摆处则用倒V形固定。胸围线保持水平至胁边线处，用丝针以V形固定。

2 用消失笔画出领围线记号，沿着领围线往上留1.5cm缝份后，将多余的布剪掉并剪牙口。用右手掌从肩胛骨把布抚平并推至肩膀，用丝针固定侧颈点与肩点，并用消失笔画出肩线记号，再沿着肩线往外留2cm缝份，将多余的布剪掉。

3 在臀围线上留1.5~2cm的松份（松份量为整圈松份除以4），用丝针固定胁边线与臀围线交叉处。

4 抓腰褶：按照标示线抓一道尖褶，褶宽3.5~4cm，用丝针以抓别法固定尖褶。

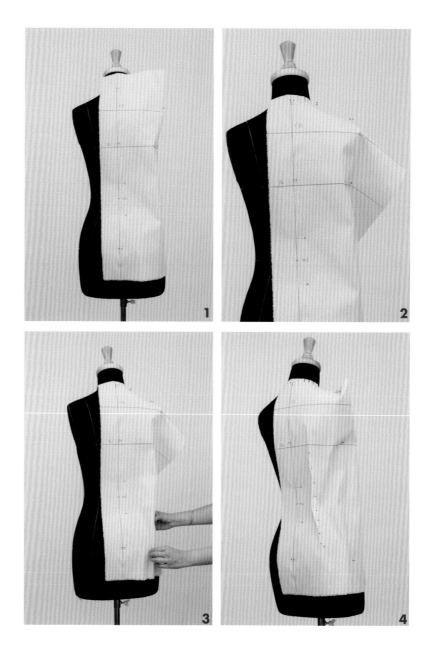

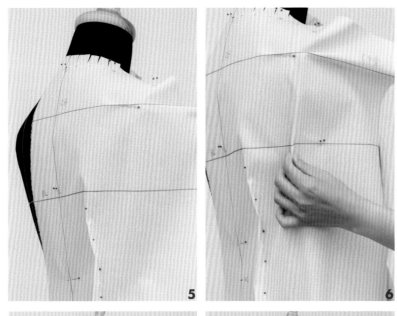

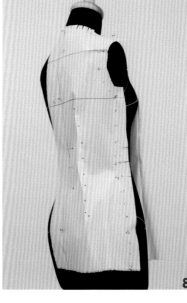

5 肩胛骨保持水平至袖窿线处，袖窿线上留0.6cm的松份，用丝针固定。

6 胸围线上留1.5~2cm的松份（松份量为整圈松份除以4）。

7 用丝针固定胁边线与胸围线交叉处、胁边线与腰围线交叉点往下3cm处，再用消失笔画出胁边线与袖窿线记号，并沿着胁边线往外留2cm缝份、袖窿线往外留1.5cm缝份，将多余的布剪掉。

8 胁边的腰围线及腰围线上、下各3cm处各剪一刀牙口，将腰围缩小，后身片完成。

9 将前、后身片胁边用丝针以盖别法固定。

10 用消失笔画出衣长线记号后，沿着衣长线往外留2cm缝份，将多余的布剪掉。

11 长版衫完成。

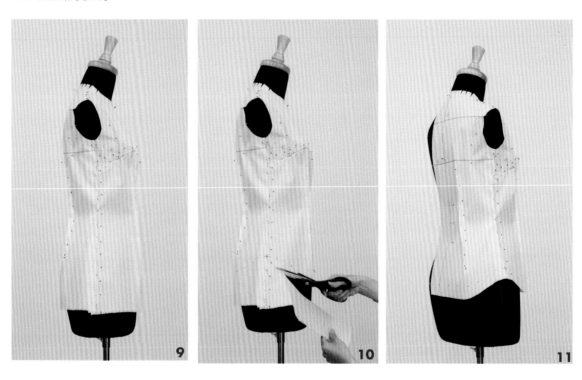

画衣长线

1 按照衣长线记号，在前、后中心的衣长线用方格尺分别画一小段约5cm的垂直线。

 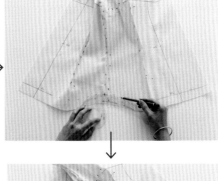

2 按照衣长线的记号，用D形曲线尺将衣长线画顺并连至胁边线。沿着衣长线往下留1cm的缝份后，将多余的布剪掉。

3 前、后胁边分开，前中心往外画1.5cm为持出份。

画领围线

画袖窿线

4 按照领围线记号，前中心的领围线用方格尺画一小段约0.5cm的垂直线，后中心的领围线用方格尺画一小段约2cm的垂直线；用D形曲线尺将领围线画顺，沿着领围线往外留1cm的缝份后，将多余的布剪掉。

5 按照袖窿线的记号，用D形曲线尺将袖窿线画顺。沿着袖窿线往外留1cm的缝份后，将多余的布剪掉。

画肩线

6 前、后肩线分开，用方格尺将肩线画成直线。沿着肩线往外留1.5cm的缝份后，将多余的布剪掉。

画胁边线

7 按照胁边线的记号，从腰围线至衣长线用大弯尺画弧线，腰围线至胸围线用大弯尺画弧线。沿着胁边线往外留1.5cm的缝份后，将多余的布剪掉。

画褶子

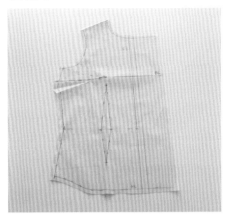

完成立裁样版

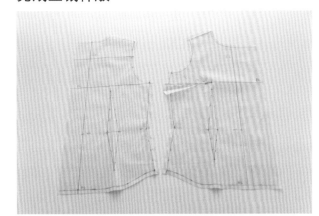

8 将前、后身片的胁边褶与腰褶用方格尺画直线。

修版后完成

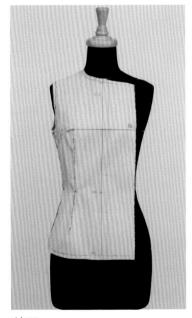

前面

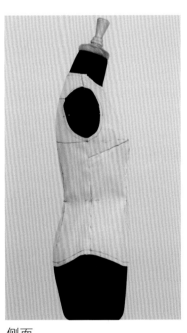

侧面

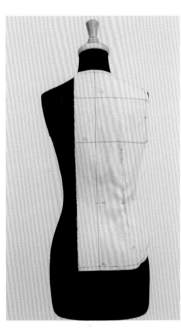

后面

肩膀
活褶设计

结构分析

▌上衣外轮廓
合身（X-Line）

▌结构设计
活褶

▌胸腰差处理方法
前身片腰褶与胁边褶转移
至肩膀

▌胸围松份
整圈4cm

▌腰围松份
整圈2.5cm

坯布准备

长度 依照设计的衣长，从侧颈点通过乳尖点再到腰围线，上下各加5cm的粗裁量。

宽度 依照设计的衣身宽，中心线往外加10cm，胁边线往外加8cm的粗裁量。

基准线 前中心线用红笔画线，胸围线用蓝笔画线。

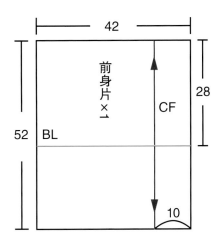

人台准备

用红色标示带在人台上贴出所需要的结构线：
前身片：两道肩褶。

前身片

1 坯布上所画的前中心线和胸围线须对齐人台上的前中心线和胸围线，依次用丝针以V形固定前中心线与领围线交叉处、左右BP处，前中心腰围线处则用倒V形固定。

2 用消失笔暂时画出领围线，沿着领围线往上留1.5cm缝份，将多余的布修掉。

3 领围线剪牙口，间距为1cm。用右手掌从胸部把布抚平并推至肩膀后，用丝针固定侧颈点，再用消失笔画出领围线记号。

4 腰围与胁边的松份往肩膀上推，在胸围线上留1cm的松份，腰围线上留0.6cm的松份（松份量为整圈松份除以4），用丝针以V形固定胸围线与胁边线交叉处，腰围线与胁边线交叉处则用倒V形固定，接着在腰围线处剪牙口。

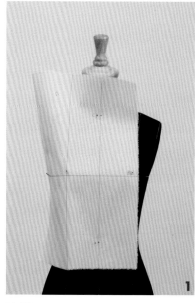

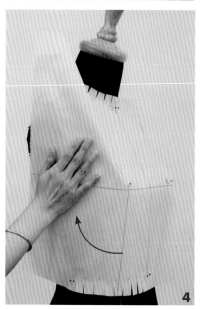

5 肩膀抓出两道活褶，用丝针以盖别法固定活褶，并用消失笔画上记号。

6 沿着胁边线往外留2cm的缝份，袖窿线往外留1.5cm的缝份，肩线往外留2cm的缝份后，将多余的布剪掉。

7 前身片完成。

立裁样版修正

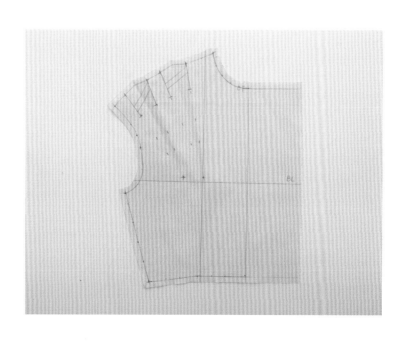

领围
细褶设计

结构分析

▌ 上衣外轮廓
　合身（X-Line）

▌ 结构设计
　细褶

▌ 胸腰差处理方法
　前身片腰褶与胁边褶转移
　至领围

▌ 胸围松份
　整圈4cm

▌ 腰围松份
　整圈2.5cm

坯布准备

长度 依照设计的衣长，从侧颈点通过
乳尖点再到腰围线，上下各加
3~5cm的粗裁量。

宽度 依照设计的衣身宽，中心线往外
加10cm，胁边线往外加8cm的粗
裁量。

基准线 前中心线用红笔画线，胸围线用
蓝笔画线。

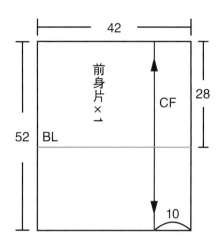

人台准备

用红色标示带在人台上贴出所需要的结构线：
前身片：领口处在领围往下1cm，削肩是从侧
颈点往前3~4cm处至腋下胸围线。

前身片

1 坯布上所画的前中心线和胸围线须对齐人台上的前中心线和胸围线，依次用丝针以V形固定前中心线与领围线交叉处、左右BP处，前中心腰围线处则用倒V形固定。腰围与胁边的松份往领围方向推去，在胸围线上留1cm的松份，腰围线上留0.6cm的松份（松份量为整圈松份除以4）。

2 沿着腰围线往下留1.5cm缝份，将多余的布剪掉。

3 腰围线用消失笔画上记号后，剪牙口。

4 制作领围线的细褶，间距为1cm往前推0.5cm，用丝针固定细褶。

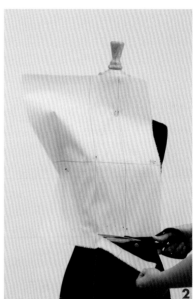
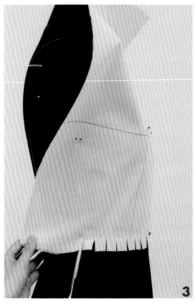
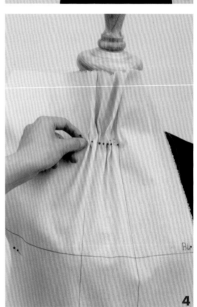

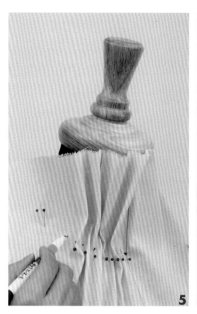
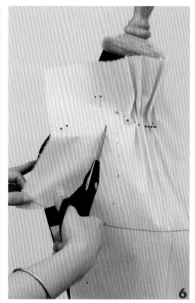

5 领围线用消失笔画上记号。

6 沿着胁边线往外留2cm的缝份，袖窿线往外留1.5cm的缝份，领围线往外留1.5cm的缝份后，将多余的布剪掉。

7 前身片完成。

立裁样版修正

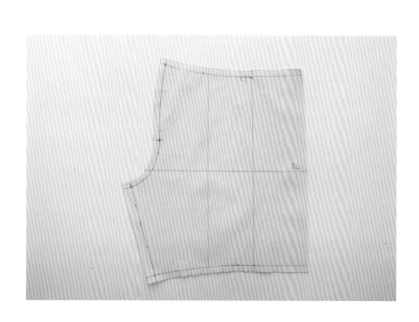

前中心
尖褶设计

结构分析

▋ **上衣外轮廓**
合身（X-Line）

▋ **结构设计**
尖褶

▋ **胸腰差处理方法**
前身片腰褶与胁边褶转移
至前中心

▋ **胸围松份**
整圈4cm

▋ **腰围松份**
整圈2.5cm

坯布准备

长度 依照设计的衣长，从侧颈点通过乳尖点再到腰围线，上下各加5cm的粗裁量。

宽度 依照设计的衣身宽，中心线往外加10cm，胁边线往外加8cm的粗裁量。

基准线 前中心线用红笔画线，胸围线用蓝笔画线。

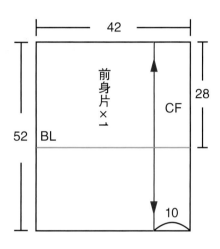

人台准备

用红色标示带在人台上贴出所需要的结构线：
前身片：前中心线从前颈点往下贴到胸围线处，胸围线上从中间往BP方向各贴8cm。

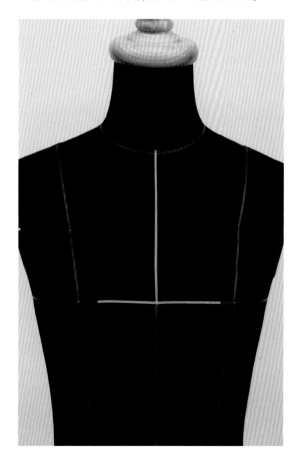

前身片

1 坯布上所画的前中心线和胸围线须对齐人台上的前中心线和胸围线，依次用丝针以V形固定前中心线与领围线交叉处、左右BP处，前中心腰围线处则用倒V形固定。腰围与胁边的松份往肩膀上推，在胸围线上留1cm的松份，腰围线上留0.6cm的松份（松份量为整圈松份除以4）。

2 沿着腰围线用消失笔画记号后，往下留1.5cm缝份，将多余的布剪掉并剪牙口。

3 前颈点的丝针拆下，把肩膀的松份往前中心推去。

4 用丝针以V形固定肩点与侧颈点，用消失笔画出领围线、肩线、袖窿线的记号。沿着领围线往上留1.5cm的缝份，肩线往外留2cm的缝份后，将多余的布剪掉。

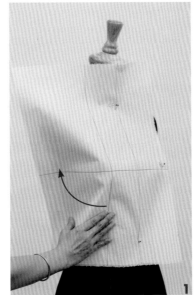
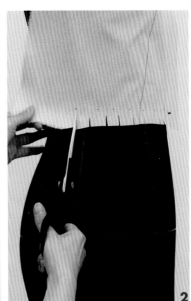
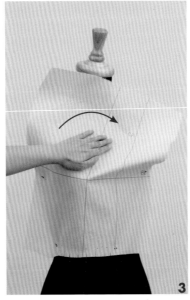
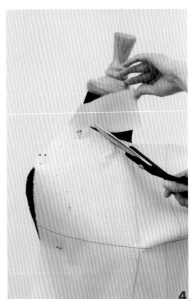

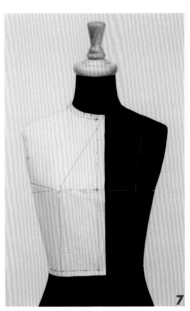

5 用丝针以抓别法固定胸围线上的尖褶，用消失笔画出前中心线。

6 沿着前中心线往外留1.5cm的缝份，胁边线往外留2cm的缝份，袖窿线往外留1.5cm的缝份后，将多余的布剪掉。

7 前身片完成。

立裁样版修正

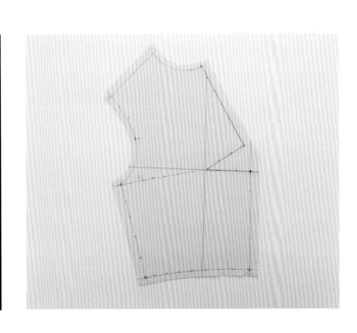

帕奈儿
剪接线设计

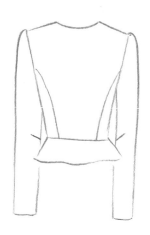

结构分析

▌ **上衣外轮廓**
　合身（X-Line）

▌ **结构设计**
　帕奈儿剪接线

▌ **胸腰差处理方法**
　前身片袖隆褶与腰褶连接
　后变成剪接线

▌ **胸围松份**
　整圈6~8cm

▌ **腰围松份**
　整圈4~6cm

坯布准备

前中心身片 长度	依照设计的衣长，从侧颈点通过乳尖点再到腰围线，上下各加5cm的粗裁量。
前中心身片 宽度	依照设计的衣身宽，中心线往外加10cm，袖窿线往外加5cm的粗裁量。
前胁身片 长度	依照设计的衣长，帕奈儿剪接线往上加8cm，腰围线往下加5cm的粗裁量。
前胁身片 宽度	依照设计的衣身宽，帕奈儿剪接线与胁边线各往外加5cm的粗裁量。
基准线	前中心线用红笔画线，胸围线用蓝笔画线。

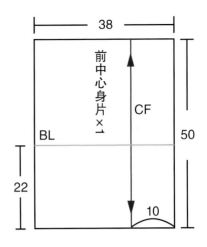

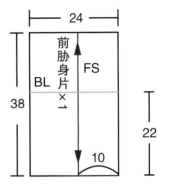

人台准备

用红色标示带在人台上贴出所需要的结构线：

前片：侧颈点往外约1.5cm，前颈点往下约2cm，连接这两点贴出领围线。肩点往内约1cm，腋下点往下至胸围线，连接这两点贴出袖窿线。帕奈儿剪接线从前腋点顺贴至BP往外约1cm处再顺贴到腰围线。

前身片

1 前中心身片坯布上所画的前中心线和胸围线须对齐人台上的前中心线和胸围线，依次用丝针以V形固定前中心线与领围线交叉处、左右BP处，前中心腰围线处则用倒V形固定，胸围线保持水平至胁边线处，再用丝针以V形固定。

2 用消失笔画出领围线的记号，沿着领围线往上留1.5cm缝份后，将多余的布剪掉。

3 用右手掌从胸部把布抚平并推至肩膀后，用丝针固定侧颈点与肩点。沿着肩线往外留2cm缝份后，将多余的布剪掉。

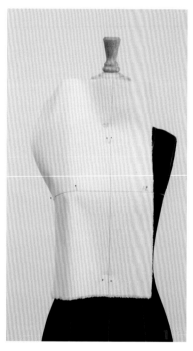
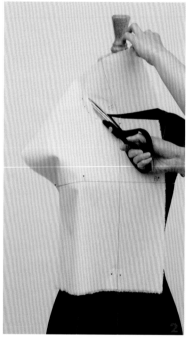
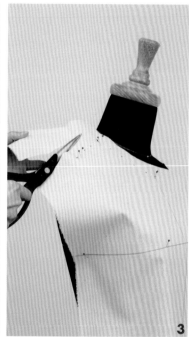

4 做胁边褶：将袖窿的松份往下推至胸围线下，用丝针以盖别法固定尖褶。

5 腰围线用消失笔画上记号后，剪牙口。

6 帕奈儿剪接线用消失笔画上记号，沿着剪接线往外留1.5cm的缝份后，将多余的布剪掉并剪牙口。

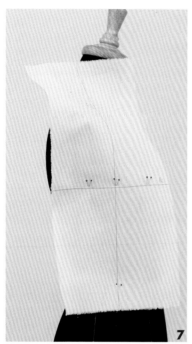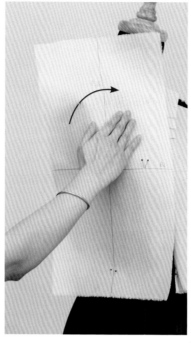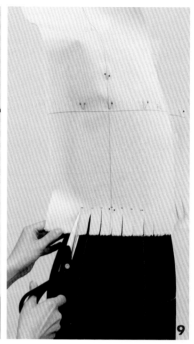

7 前胁身片坯布上所画的中心线和胸围线须对齐人台上前胁的中心线和胸围线，依次用丝针以V形固定中心线与胸围线交叉处、右BP处，右胁边上的腰围线处则用倒V形固定。

8 胸围线上多余的松份往肩膀方向推，用丝针以V形固定在帕奈儿剪接线内。

9 腰围线用消失笔画上记号后，剪牙口。

10 帕奈儿剪接线用消失笔画上记号，并沿着剪接线往外留1.5cm的缝份后，将多余的布剪掉。

11 前中心身片的缝份折入后，与前胁身片接合，用盖别法固定帕奈儿剪接线。

12 前胁身片在胸围线上留1.5~2cm的松份、腰围线上留1~1.5cm的松份（松份量为整圈松份除以4），用丝针固定胁边线与胸围线交叉处。沿着胁边线往外留2cm的缝份、袖窿线往外留1.5cm的缝份后，将多余的布剪掉。

13 前身片完成。

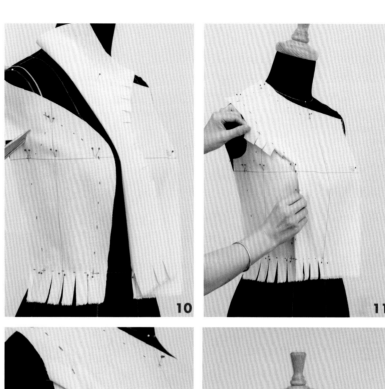

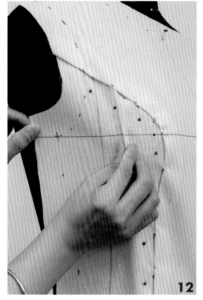

画领围线、袖窿线

1 将坏样从人台上拿下来，在桌面上把前身片摊平，按照领围线、袖窿线的记号，用D形曲线尺将领围线、袖窿线画顺。

画胁边线、腰围线

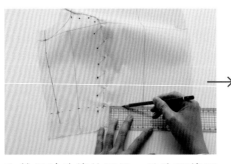 →

2 按照胁边线的记号，从胸围线至腰围线用方格尺画直线；按照腰围线的记号，在前中心的腰围线处用方格尺画一小段3~5cm的垂直线。

3 按照腰围线的记号，前胁的腰围线用大弯尺画弧线。

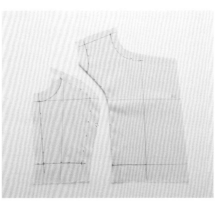

4 前中心身片与前胁身片分开。

画前中心身片的帕奈儿剪接线

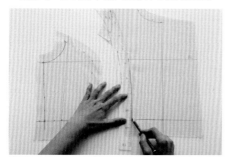 

5 按照帕奈儿剪接线的记号，从胸围线至腰围线用大弯尺画弧线。

6 从胸围线至袖窿线用D形曲线尺画弧线。

画前胁身片的帕奈儿剪接线

 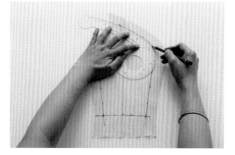

7 按照帕奈儿剪接线的记号，从胸围线至腰围线用大弯尺画弧线。

8 从胸围线至袖窿线用D形曲线尺画弧线。

完成立裁样版

9 领围线往外留1cm缝份，肩线往外留1.5cm缝份，袖窿线往外留1cm缝份，胁边线往外留1.5cm缝份，腰围线往下留1cm缝份，帕奈儿剪接线往外留1cm缝份后，将多余的布剪掉。

高腰剪接线
设计

结构分析

▎ **上衣外轮廓**
合身（X-Line）

▎ **结构设计**
高腰剪接线

▎ **胸腰差处理方法**
前身片胸下围抽细褶

▎ **胸围松份**
整圈4~6cm

▎ **腰围松份**
整圈2.5~4cm

坯布准备

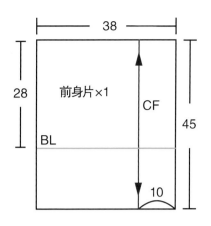

前身片长度	依照设计的衣长，从侧颈点通过乳尖点再到高腰剪接线，上下各加5cm的粗裁量。
前身片宽度	依照设计的衣身宽，中心线往外加10cm，胁边线往外加5cm的粗裁量。
前高腰剪接片长度	依照设计的高腰长度，高腰剪接线与腰围线上下各加5cm的粗裁量。
前高腰剪接片宽度	依照设计的高腰宽度，中心线往外加10cm，胁边线往外加5cm的粗裁量。
基准线	前中心线用红笔画线，胸围线与腰围线用蓝笔画线。

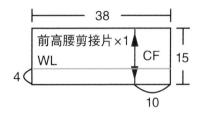

人台准备

用红色标示带在人台上贴出所需要的结构线:

1. 前身片：侧颈点往外约1.5cm，前颈点往下约3cm，连接这两点贴出领围线。肩点往内约1cm，腋下点往下至胸围线，连接这两点贴出袖窿线。

2. 高腰剪接线：前中心的腰围线往上7cm、胁边的腰围线往上5cm，连接这两点贴出一条弧线。

前高腰剪接片

1 坯布上所画的前中心线和腰围线须对齐人台上的前中心线和腰围线，依次用丝针以V形固定前中心线与高腰剪接线交叉处，前中心腰围线处则用倒V形固定，胸下围保持水平至胁边线处，再用丝针以V形固定。

2 胸下围多余的松份往胁边方向抚平。高腰剪接线与腰围线上留0.6~1cm的松份（松份量为整圈松份除以4），用丝针以V形固定胁边线与高腰剪接线交叉处，胁边腰围线处则用倒V形固定。

3 高腰剪接线与腰围线用消失笔画上记号后，沿着高腰剪接线与腰围线上下各留1.5cm的缝份后，将多余的布剪掉并剪牙口。

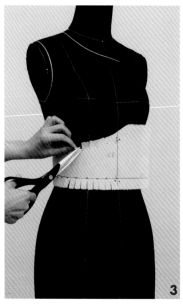

前身片

1 坯布上所画的前中心线和胸围线须对齐人台上的前中心线和胸围线，依次用丝针以V形固定前中心线与领围线交叉处、左右BP处，腰围线处则用倒V形固定，胸围线保持水平至胁边线处，再用丝针以V形固定。

2 用消失笔画出领围线的记号，沿着领围线往上留1.5cm缝份后，将多余的布剪掉。

3 用右手掌从胸部把布抚平并推至肩膀后，用丝针固定侧颈点与肩点。沿着肩线往外留2cm缝份后，将多余的布剪掉。

4 将袖窿的松份往下推至腰围线。

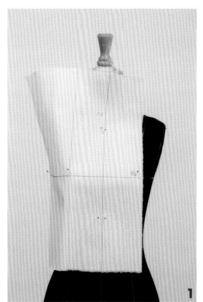

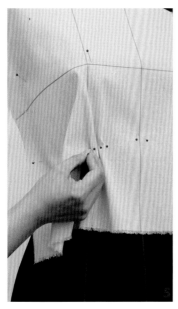

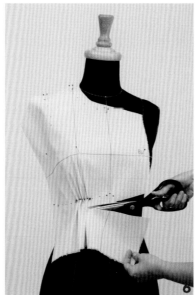

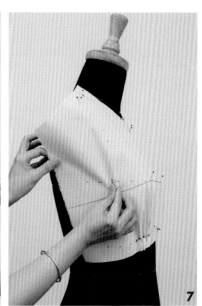

5 胸下围与高腰剪接线处，把松份推成细褶。

6 高腰剪接线用消失笔画上记号，沿着高腰剪接线往下留1.5cm的缝份后，将多余的布剪掉。

7 胸围线上留1~1.5cm的松份，腰围线上留0.6~1cm的松份（松份量为整圈松份除以4），用丝针以V形固定胁边线与胸围线交叉处，胁边高腰剪接线处则用倒V形固定。

8 沿着胁边线往外留2cm的缝份，袖窿线往外留1.5cm的缝份后，将多余的布剪掉。

9 高腰剪接片用盖别法固定在前身片上。

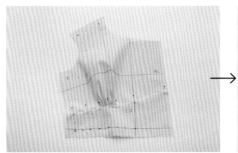 

1 将坯样从人台上拿下来，放在桌面上摊平。按照肩线与胁边线的记号，用方格尺画直线。

画前身片

2 按照高腰剪接线、领围线与袖窿线的记号，用D形曲线尺画弧线。

画前高腰剪接片

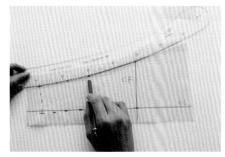

3 按照高腰剪接线的记号，用大弯尺画弧线。

完成立裁样版

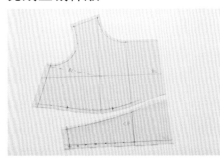

4 领围线往外留1cm缝份，肩线往外留1.5cm缝份，袖窿线往外留1cm缝份，胁边线往外留1.5cm缝份，腰围线往外留1cm缝份，高腰剪接线往外留1cm缝份后，将多余的布剪掉。

垂坠罗马领设计

结构分析

▌上衣外轮廓
合身（X-Line）

▌结构设计
垂坠罗马领

▌胸腰差处理方法
前身片肩膀打三道活褶

▌胸围松份
整圈8~12cm

▌腰围松份
整圈4~6cm

坯布准备

长度 依照设计的衣长，从侧颈点通过乳尖点再到腰围线，上下各加15cm的粗裁量。

宽度 依照设计的衣身宽，左右各往外加20cm的粗裁量。

基准线 前中心线用红笔画线。

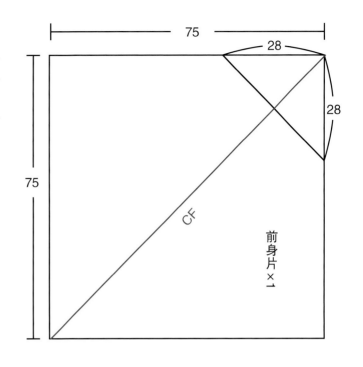

人台准备

用红色标示带在人台上贴出所需要的结构线：
前片：肩膀左右各三道活褶。

制作步骤

前身片

1 坯布上所画的前中心线须对齐人台上的前中心线，依次用丝针以V形固定前中心线与领围线交叉处、左右BP处，前中心腰围线处则用倒V形固定。

2 用消失笔暂时画出腰围线的记号，沿着腰围线往下留2cm缝份后，将多余的布剪掉并剪牙口。

3 腰围线上留1~1.5cm的松份（松份量为整圈松份除以4），将多余的松份往胁边推去，腰围线与胁边线交叉处用丝针以倒V形固定。用右手掌从胁边把布抚平并推至肩膀后，用丝针以V形固定胸围线与胁边线交叉处。

4 将前中心线往前拉，胸围线上留4~6cm的松份（松份量为整圈松份除以2）。

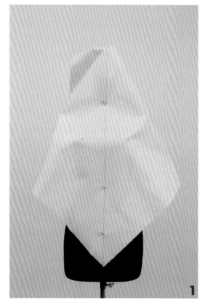

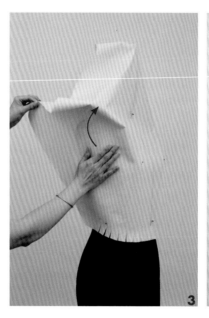

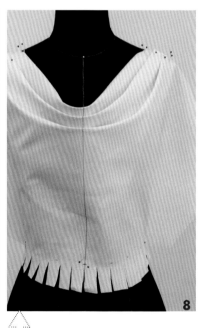

5 确定松份后，用丝针以V形固定左右肩点。

6 把松份往下压，从肩点开始抓第一道活褶。

7 再把松份往下压，抓第二道活褶。

8 再把松份往下压，抓第三道活褶。

POINT
这三道活褶的前中心线必须在一条直线上且对齐人台上的前中心线。

9 胁边线与袖窿线用消失笔画上记号，沿着胁边线往外留2cm 的缝份，袖窿线往外留1.5cm的缝份后，将多余的布剪掉。

10 肩膀活褶用消失笔画上记号。

11 垂坠罗马领完成。

1 将坯样从人台上拿下来，在桌面上把前身片摊平。

画胁边线、肩线

2 按照胁边线与肩线的记号，用方格尺画直线。

画腰围线、袖窿线

3 按照腰围线与袖窿线的记号，用D形曲线尺画弧线。

4 肩线往外留1.5cm缝份，将多余的布剪掉。

5 把肩膀活褶摊平，用大弯尺画活褶线。

6 领围线的前中心处往外留8cm缝份，肩线处往外留4cm缝份，将多余的布剪掉。

完成立裁样版

7 袖窿线往外留1cm缝份，胁边线往外留1.5cm缝份，腰围线往外留1cm缝份，将多余的布剪掉。

不对称设计

结构分析

▍上衣外轮廓
合身（X-Line）

▍结构设计
三道活褶

▍胸围松份
整圈4cm

▍腰围松份
整圈4cm

坯布准备

左前身片长度　依照设计的衣长，从侧颈点通过乳尖点再到腰围线，上下各加5cm的粗裁量。

左前身片宽度　依照设计的衣身宽，中心线往外加15cm，胁边线往外加5cm的粗裁量。

左前身片基准线　前中心线用红笔画线，胸围线用蓝笔画线。

右前身片长度　依照设计的衣长，从侧颈点通过乳尖点再到腰围线，上下各加12cm的粗裁量。

右前身片宽度　与长度相同即可。

人台准备

用红色标示带在人台上贴出所需要的结构线：

1. 左前身片：V领线从左边侧颈点往外约1.5cm处开始，贴至右前身片的腰围线上。腰褶长度是从腰围线往上13~14cm。

2. 右前身片：V领线从右边侧颈点往外约1.5cm开始，贴至左前身片的BP下5~6cm处。第一道活褶从肩点往内约5cm处开始，第二道从前腋点开始，第三道从胸围线往下约3cm处开始，贴至左前身片的腰褶上。

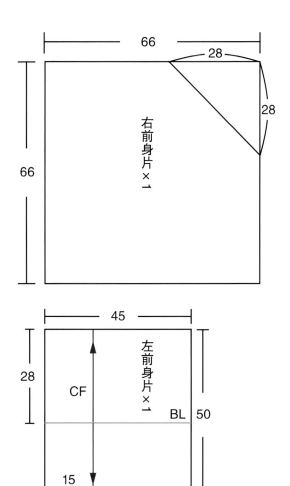

制作步骤

左前身片

1.坯布上所画的前中心线和胸围线须对齐人台上的前中心线和胸围线，依次用丝针以V形固定前中心线与领围线交叉处、左右BP处，前中心腰围线处用倒V形固定，胸围线保持水平至胁边线处，用丝针以V形固定。

2 用消失笔暂时画出V领线的记号，沿着V领线往外留1.5cm缝份后，将多余的布剪掉并剪牙口。

3 V领缝份往内折好，用右手掌从胸部把布抚平并推至肩膀后，再用丝针固定侧颈点与肩点。沿着肩线往外留2cm缝份后，将多余的布剪掉。

4 腰褶：将袖窿的松份往下推至腰围线，用丝针以V形固定胁边线与胸围线交叉处，胁边腰围线处则用倒V形固定。

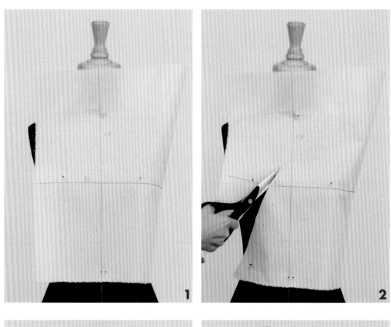

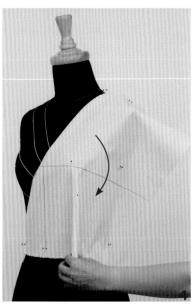

5 胁边线与袖窿线：用消失笔画上记号后，沿着胁边线往外留2cm的缝份，袖窿线往外留1.5cm的缝份后，将多余的布剪掉。

6 腰褶：腰围松份约1cm（松份量为整圈松份除以4），用抓别法固定腰褶。

7 腰围线用消失笔画上记号后，往下留1.5cm的缝份，将多余的布剪掉并剪牙口，腰褶从中心线剪开。

右前身片

1 用消失笔暂时画出V领线的记号，沿着V领线往外留1.5cm缝份后，将多余的布剪掉并剪牙口。

2 V领缝份往内折好，用丝针固定侧颈点。V领线固定在左前身片腰褶处。

3 第一道活褶：用丝针固定肩膀（肩点往内约5cm处），抓一道活褶，褶宽5~6cm，固定在左前身片腰褶处。

4 第二道活褶：用丝针以V形固定肩点与前腋点后，抓一道活褶，褶宽5~6cm，固定在左前身片腰褶处。

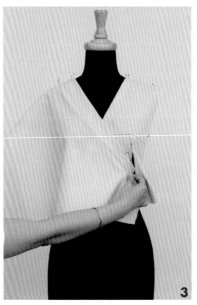
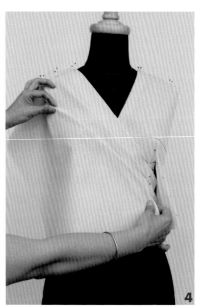

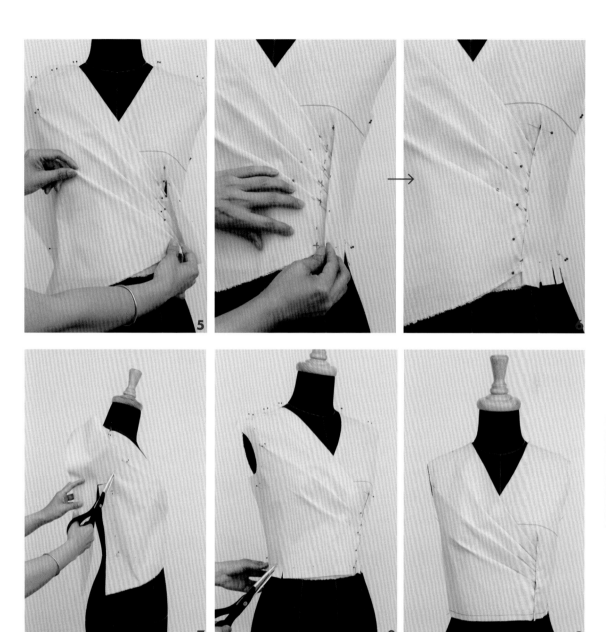

5 第三道活褶：约在胸下围处抓一道活褶，褶宽5~6cm，固定在左前身片腰褶处。

6 将左前身片的腰褶，用盖别法固定。

7 胁边线与袖窿线：用消失笔画上记号后，沿着胁边线往外留2cm的缝份，袖窿线往外留1.5cm的缝份后，将多余的布剪掉。

8 腰围松份约1cm（松份量为整圈松份除以4），腰围线往下留1.5cm的缝份后，将多余的布剪掉并剪牙口。

9 前身片完成。

画腰围线

1 按照腰围线的记号，在前中心的腰围线处用方格尺画一小段约3cm的垂直线后，用大弯尺在直线左右画弧线。

画胁边线

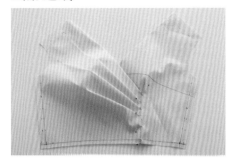

2 按照胁边线的记号，从胸围线至腰围线用方格尺画直线。

3 左、右前身片分开。

4 左前身片画腰褶线，腰褶线往外留1cm的缝份后，将多余的布剪掉。

左前身片画袖窿线

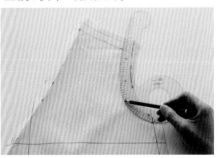

5 按照袖窿线的记号，用D形曲线尺将袖窿线画顺。

左前身片画V领线

6 按照V领线的记号，用大弯尺将V领线画顺。

右前身片画活褶线

7 按照活褶线的记号，用方格尺画直线。活褶线往外留1cm缝份后，将多余的布剪掉。

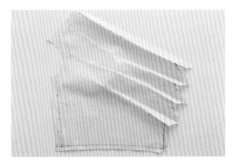

8 右前身片画活褶线后，将活褶拆开。

9 右前身片活褶做记号。

右前身片画V领线

10 按照V领线的记号，用大弯尺将V领线画顺。

右前身片画袖窿线

11 按照袖窿线的记号，用D形曲线尺将袖窿线画顺。

完成立裁样版

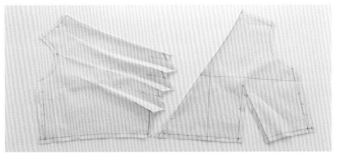

12 V领线往外留1cm缝份，肩线往外留1.5cm缝份，袖窿线往外留1cm缝份，胁边线往外留1.5cm缝份，腰围线往外留1cm缝份，腰褶线往外留1.5cm缝份后，将多余的布剪掉。

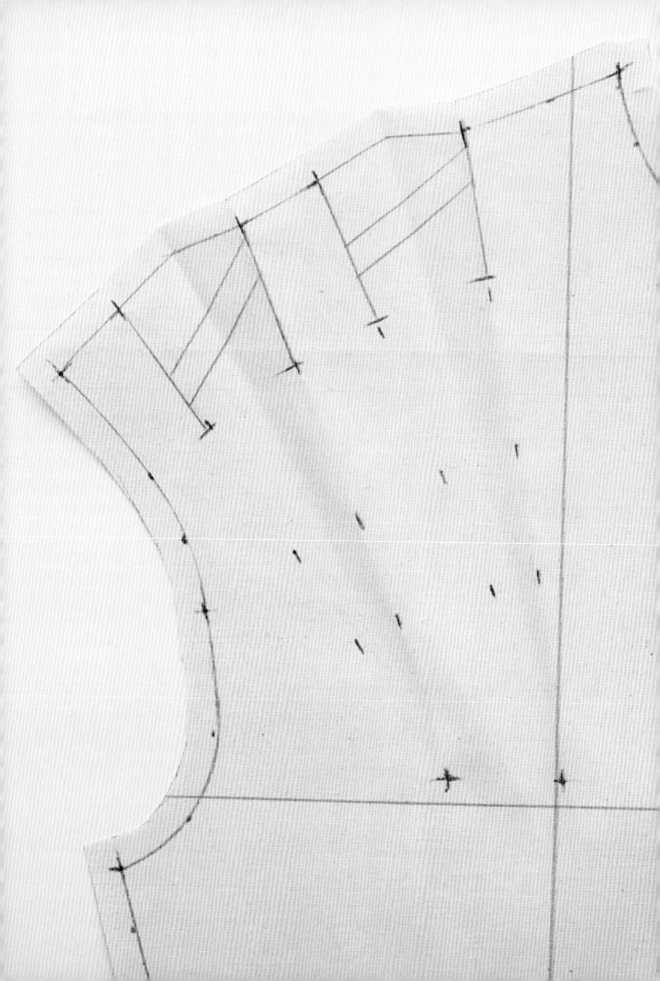

CF

BL

领子构成原理

颈部在身体的最上端，与头部相接，所以在服装设计中领子的设计相对来说较为重要，其造型会直接影响服装整体的外观。

多种变化的领子设计

用布料包覆颈部，通过领围线弧度、领腰高低、领面大小、领外缘尺寸等变化，让领子成为服装设计上的重点；另外，也可以运用剪接线设计来处理。

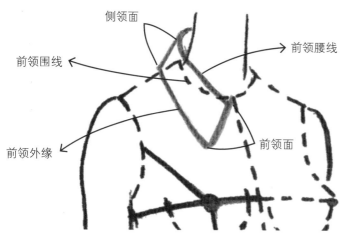

侧领面
前领腰线
前领围线
前领外缘
前领面

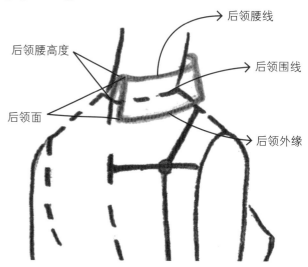

后领腰线
后领腰高度
后领围线
后领面
后领外缘

领子的松份变化

颈部基本上不太需要活动量，制作时约保留一指
宽度的松份，即可达到舒适的效果；领子松份的
变化，也可为服饰带来不同的风格样貌。

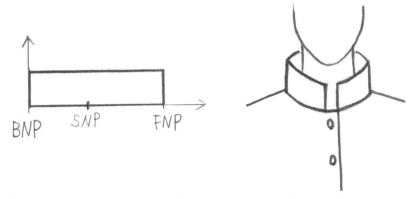

领子距离脖子可近可远，以立领为例，一般的长方形领领围是竖立在脖子边的。

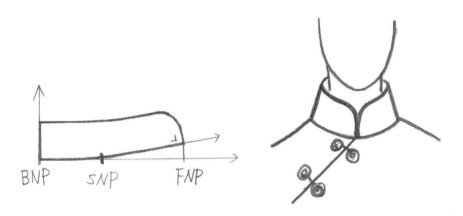

若将前颈点往上提高，领围尺寸不变，但领外缘尺寸缩小，则领片就会比较贴近脖
子。

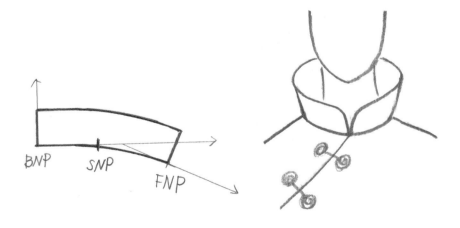

若将前颈点往下降低，领围尺寸不变，但领外缘尺寸加大，则领片就会离脖子比较远。

立领

坯布准备

长度 依照领围的长度，后中心往外加6cm，前中心往外加10cm的粗裁量。

宽度 依照设计的领子宽度，后领围线往下加3cm，立领线往上加3~4cm的粗裁量。

基准线 后中心线用红笔画线，后领围线用蓝笔画线。

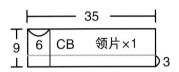

人台准备

用红色标示带在人台上贴出所需要的结构线：

1.领围线：后领围不下降，侧颈点往外0.5cm，前颈点往下0.5cm。

2.立领线：从后领围线往上3~3.5cm，顺贴到前领围线往上2.5~3cm。

3.持出份：从前中心往外1.5cm。

| 领围线 | 立领线 | 持出份 |

制作步骤

1 坯布上所画的后中心线和后领围线须对齐人台上的后中心线和后领围线，用丝针横别固定后中心线与后领围线交叉处，确定立领高度为3~3.5cm后，再用丝针横别固定。后领围线剪牙口，牙口间距约1cm。

2 将坯布往前拉到前颈点，在侧颈点处放入一根手指头确定松份。

3 沿着领围标示线，顺着牙口上方别上丝针，再剪牙口至标示线。

4 继续往前颈点别上丝针并剪牙口至标示线，要保持领围的松份与圆润度，画出立领线的记号。

POINT
侧颈点处一定要别一根丝针。

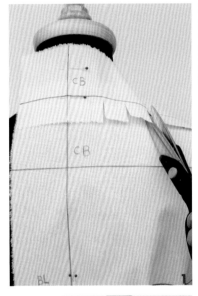

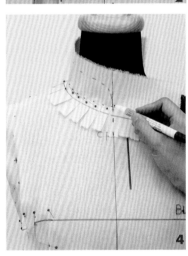

5 完成立领。

前面

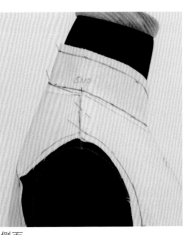

侧面

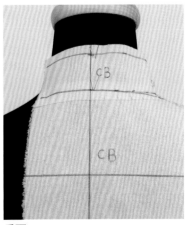

后面

画线

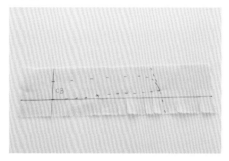

1 将坯样从人台上拿下来，仔细观察一下线条。

2 后领围线、立领线与后中心线交叉处用方格尺分别画一小段约2cm的垂直线。

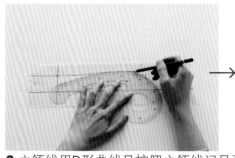

3 立领线用D形曲线尺按照立领线记号画顺。

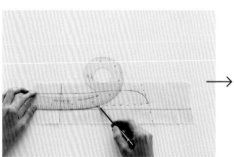

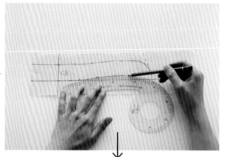

4 领围线一样用D形曲线尺按照领围线记号画顺。

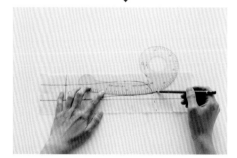

完成立裁样版

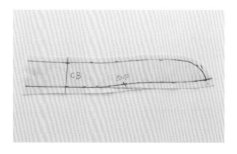

VARIATIONS

翻领

坯布准备

因为要用正斜纹布做翻领，所以用35cm×35cm的正方形布料。

基准线 后中心线用红笔画线，后领围线用蓝笔画线。

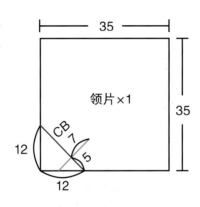

领片×1

35

35

CB
7
5
12
12

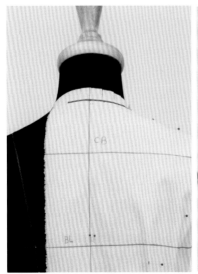

后领围线

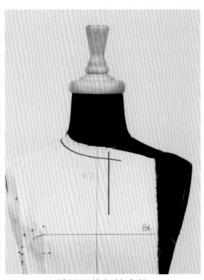

前领围线与持出份

人台准备

用红色标示带在人台上贴出所需要的结构线：

1.领围线：后领围往下约0.5cm，侧颈点往外约0.8cm，前颈点往下1.5~2cm。

2.持出份：从前中心往外1.5cm。

制作步骤

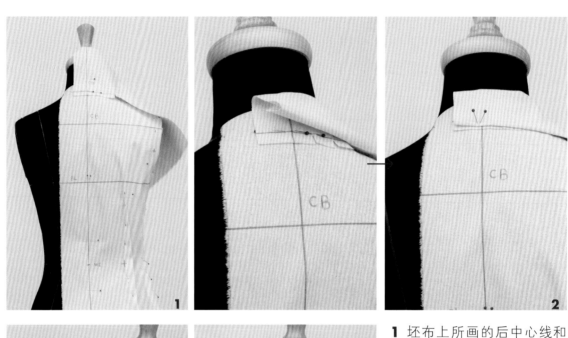

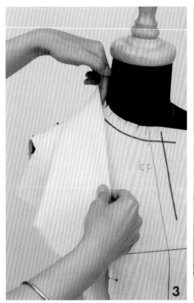

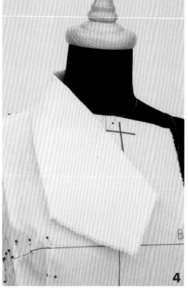

1 坯布上所画的后中心线和后领围线须对齐人台上的后中心线和后领围线，用丝针横别固定后中心线与后领围线交叉处，确定领腰高度为3~3.5cm后，再用丝针横别固定。后领围线剪牙口，牙口间距约1cm。

2 将坯布往下翻折，做出领面高度，领面要盖住后领围线，再往下约0.5cm后，用丝针以V形固定后领围线。

3 将领子顺拉到前颈点后，在侧颈点处放入一根手指头确定松份。

4 暂时固定前颈点。

5 将翻领往上翻起来，沿着领围的标示线别上丝针后，再剪牙口至标示线。

6 继续往前颈点别上丝针并剪牙口至标示线，保持领围的松份与圆润度，画出领围线记号。

7 领围别好后，再把领子翻到正面，看领围松份是否符合设计。

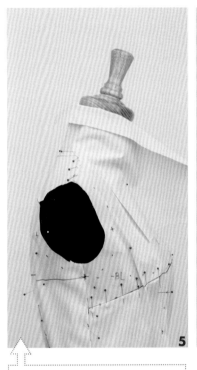

POINT
侧颈点处一定要别一根丝针。

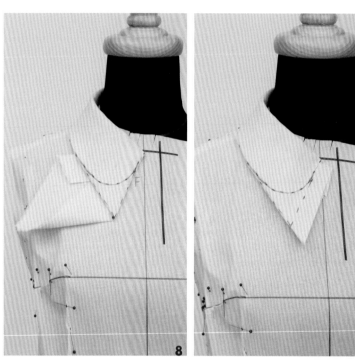

8 将前领围多余的布折入，做出设计稿上的领子形状。

9 沿着领子的记号往外留1.5cm缝份后，将多余的布剪掉。画出领腰线与领外缘线的记号。

10 完成翻领。

前面

侧面

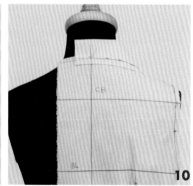

后面

画线

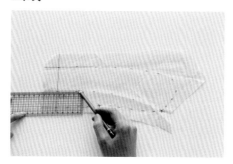

1 将坯样从人台上拿下来，仔细观察一下线条。后领围线、领腰线、领外缘线与后中心线交叉处要用方格尺分别画一小段约2cm的垂直线。

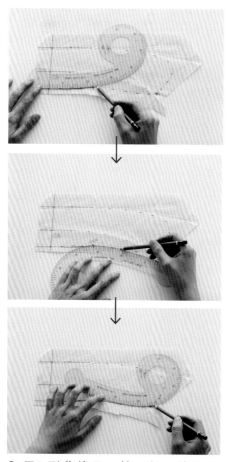

2 用D形曲线尺，按照领围线的记号，将领围线画顺。

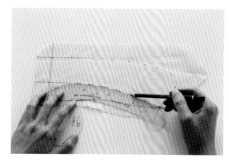

3 用D形曲线尺，按照领腰线的记号，将领腰线画顺。

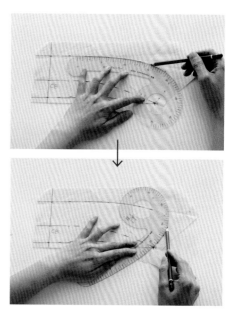

4 用D形曲线尺，按照领外缘线的记号，将领外缘线画顺。

完成立裁样版

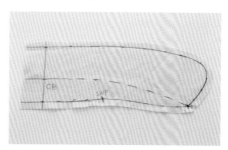

衬衫领

坯布准备

长度 依照领围的长度，后中心往外加6cm，前中心往外加10cm的粗裁量。

宽度 依照设计的领子宽度，后领围线往下加3~6cm，领台外缘线往上加3~4cm的粗裁量。

基准线 后中心线用红笔画线，后领围线用蓝笔画线。

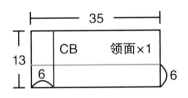

人台准备

用红色标示带在人台上贴出所需要的结构线：

1.领围线：后领围不下降，侧颈点往外0.5cm，前颈点往下0.5cm。

2.持出份：从前中心往外1.5cm。

3.领台外缘线：从后领围线往上3~3.5cm，顺贴到前领围线往上2.5~3cm。

制作步骤

领台

1 坯布上所画的后中心线和后领围线须对齐人台上的后中心线和后领围线，用丝针横别固定后中心线与后领围线交叉处，确定领台高度为3~3.5cm后，再用丝针横别固定。后领围线以下剪牙口，牙口间距约1cm。

2 将坯布往前拉到前颈点后，在侧颈点处放入一支铅笔确定松份。

3 沿着领围标示线，顺着牙口上方别上丝针，再剪牙口至标示线。

4 继续往前颈点别上丝针并剪牙口至标示线，要保持领围的松份与圆润度。

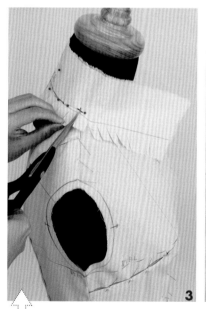
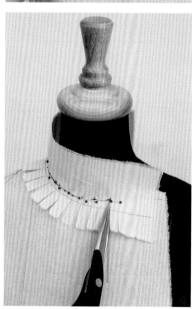

POINT
侧颈点处一定要别一根丝针。

5 用消失笔画出前中心线的记号。

6 用消失笔画出领台外缘线的记号。沿着记号往上留1.5cm的缝份后，将多余的布剪掉。

7 完成领台，将前领围持出份的领台缝份折入。

领面

1 坯布上所画的后中心线和后领围线须对齐人台上领台的后中心线和领台外缘线,用丝针横别固定领面的后中心线与领台外缘线交叉处。领面的后领围线以下剪牙口,牙口间距约1cm。

2 将坯布往下翻折,做出领面高度,领面要盖住领台的后领围线,再往下约0.5cm后,用丝针以V形固定领面的领外缘线。

3 将领面顺拉到前颈点后,在侧颈点处放入一根手指头确定松份。

4 暂时固定领台的前中心,领面的领外缘要贴在肩膀上。

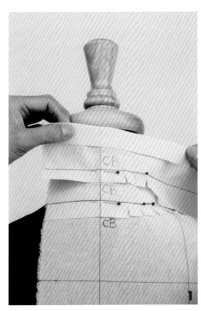

5 领面的领围线沿着领台外缘线用消失笔画出记号。

6 将领面往上翻起来，沿着领台外缘线别上丝针，再从下缘剪牙口至标示线。

7 继续往领台的前中心别上丝针后，再剪牙口至标示线，要保持领围的松份与圆润度。画出领面持出份的领围线记号。

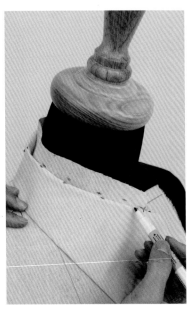 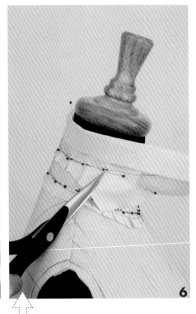 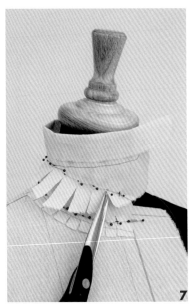

POINT
侧颈点处一定要别一根丝针。

8 领面的领围别好后，再把领子翻折到正面。

9 将领面前领围多余的布折入，做出设计稿上的领子形状。画出领面的领围与外缘线的记号。

10 完成翻领。

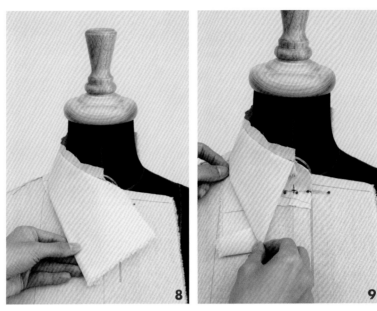

前面

侧面

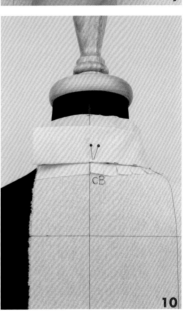

后面

画领台线

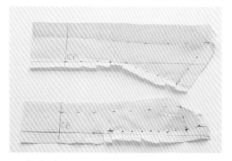

1 将坯样从人台上拿下来，仔细观察一下线条。

2 领台后领围线与后中心线交叉处要用方格尺画一小段约2cm的垂直线。

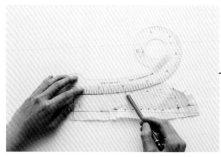

3 用D形曲线尺，按照领台外缘线的记号，将领台外缘线画顺。

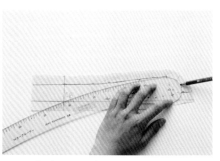

4 用大弯尺，按照领台外缘线的记号，将领台外缘线画顺。

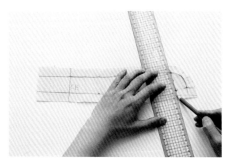

5 前中心线用方格尺画直线。

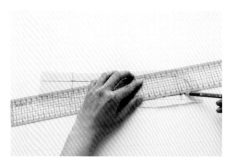

6 持出份必须与前中心线垂直，用方格尺画直线。

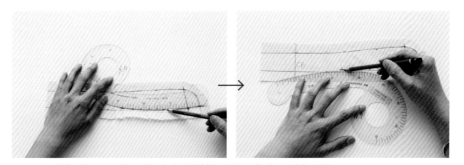

7 用D形曲线尺，按照领台领围线记号，将领围线画顺。

画领面线

1 领面后领围线与后中心线交叉处要用方格尺画一小段约2cm的垂直线。

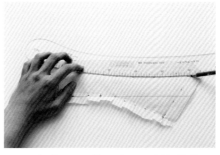

2 用大弯尺，按照领面外缘线的记号，将领面外缘线画顺。

3 前中心的领面外缘线用方格尺画直线。

4 用D形曲线尺，按照领面领围线记号，将领围线画顺。

完成立裁样版

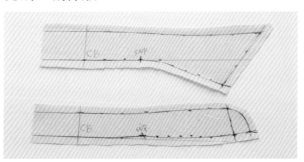

波浪领

坯布准备

基准线： 后中心线用红笔画线，后领围线用蓝笔画线。

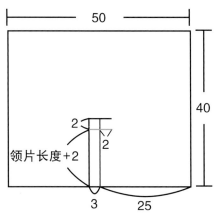

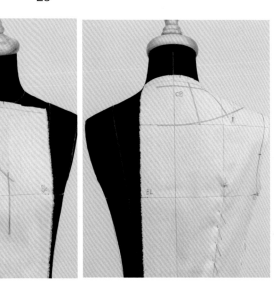

前面　　　　　　　　后面

人台准备

用红色标示带在人台上贴出所需要的结构线：

1. 领围线：后领围往下约1cm，侧颈点往外约1.5cm，前颈点往下9~11cm。

2. 波浪领宽度：后领围往下8~9cm，侧颈点往外7~8cm，顺贴至前中心。

3. 波浪位置：后领围两道波浪，肩线一道波浪，前领围三道波浪。

4. 持出份：从前中心往外1.5cm。

制作步骤

1 坯布上所画的后中心线和后领围线须对齐人台上的后中心线和后领围线，用丝针以V形固定后中心线与后领围线、后领外缘线交叉处。

2 将坯布往前中心按压，用消失笔画出波浪处，别一根丝针，剪牙口后折波浪。波浪宽2~3cm。

3 继续往前，用消失笔画出波浪处，别一根丝针，剪牙口后折波浪。波浪宽2~3cm。

4 重复第2步与第3步，往前中心继续折波浪。

5 确定波浪大小是否符合设计，沿着领围线与领外缘线往外各留1.5cm缝份后，将多余的布剪掉，完成波浪领。

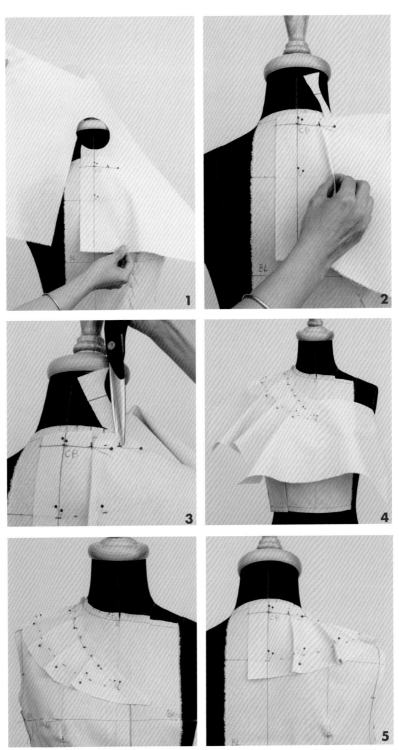

前面　　　　　　　　　后面

画线

1 将坯样从人台上拿下来，仔细观察一下线条。后领围线与后中心线交叉处用方格尺画一小段约2cm的垂直线。

2 后领围线用方格尺画直线。

3 用D形曲线尺，按照领围线记号，将前领围线画顺。

4 用D形曲线尺，按照领外缘线记号，将领外缘线画顺。

完成立裁样版

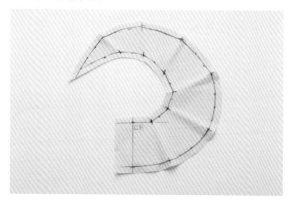

VARIATIONS

小西装领

人台准备

1.领围线：后领围往下约0.5cm，侧颈点往外约0.7cm，前颈点往下约1.5cm。

2.持出份：从前中心往外1.5cm。

3.确定第一颗扣子的位置，从前颈点往下约9cm处。

4.将前中心多余的布往内折入。

5.将前中心翻折，领子端点在第一颗扣子的位置。

6.画出领折线。

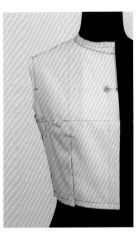

坯布准备

长度　依照领围的长度，后中心往外加6cm，前中心往外加10cm的粗裁量。

宽度　依照设计的领子宽度，后领围线往下加4cm，领外缘线往上加3~4cm的粗裁量。

基准线　后中心线用红笔画线，后领围线用蓝笔画线。

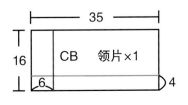

制作步骤

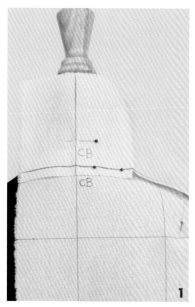

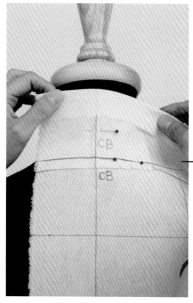

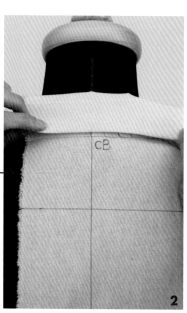

POINT
侧颈点处一定要别一根丝针。

1 坯布上所画的后中心线和后领围线须对齐人台上的后中心线和后领围线，用丝针横别固定后中心线与后领围线交叉处，确定领腰高度为3~3.5cm后，用丝针横别固定。后领围线以下剪牙口，牙口间距约1cm。

2 将坯布往下翻折，做出领面高度，领面要盖住后领围线，再往下约0.5cm后，用丝针以V形固定后领围线。

3 将领子顺拉到领折线，在侧颈点处放入一根手指头确定松份。领腰对齐领折线。

4 将领子往上翻起来，沿着领围标示线别上丝针，再剪牙口至标示线。

5 继续往前颈点别上丝针并剪牙口至标示线，要保持领围的松份与圆润度。画出领围线记号。

6 领围别好后，再把领子顺着领折线翻到正面。

7 将前领围多余的布折入，做出设计稿上的领子形状。

8 完成小西装领。

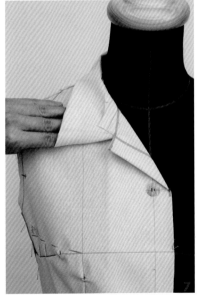

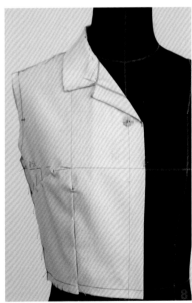

画线

1 将坯样从人台上拿下来，仔细观察一下线条。后领围线、领腰线、领外缘线与后中心线交叉处用方格尺分别画一小段约2cm的垂直线。

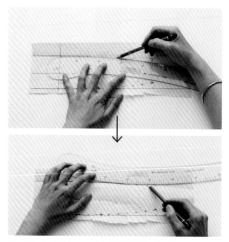

2 用大弯尺，按照领外缘线记号，将领外缘线画顺。

3 前中心线用方格尺画直线。

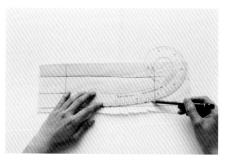

4 用D形曲线尺，按照领围线记号，将领围线画顺。

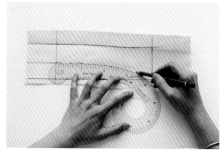

5 用D形曲线尺，按照领腰线记号，将领腰线画顺。

完成立裁样版

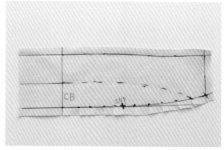

VARIATIONS

海军领

坏布准备

基准线 后中心线用红笔画线，
后领围线用蓝笔画线。

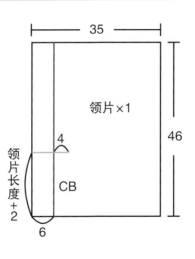

35

46

领片×1

4

CB

领片长度+2

6

人台准备

用红色标示带在人台上贴出所
需要的结构线：

1.领围线：后领围往下约0.5cm，
侧颈点往外约0.8cm，前颈点往
下9~11cm。

2.海军领宽度：后领围往下
10~12cm，侧颈点往外9~
10cm，顺贴至前中心。

3.持出份：从前中心往外1.5cm。

前面

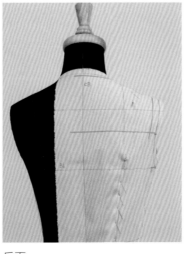

后面

制作步骤

1 坯布上所画的后中心线和后领围线须对齐人台上的后中心线和后领围线，用丝针横别固定后中心线与后领围线、后领外缘线交叉处。后领围线往上留1.5cm后，剪入约5cm。

2 将坯布往前中心按压。

3 将坯布披在肩膀上，观察领型，在侧颈点抓出领腰高度约0.5cm后，用消失笔画出领围线记号，用丝针横别固定，将多余的布剪掉。

4 用消失笔画出领外缘线的记号，将多余的布剪掉，完成海军领。

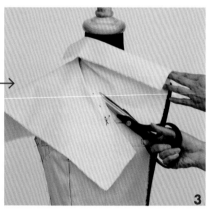

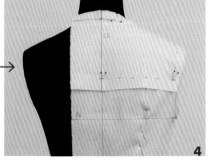

画线

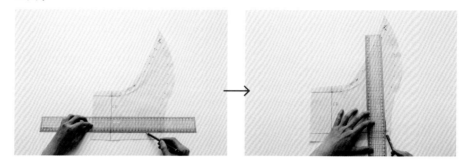

1 将坯样从人台上拿下来，仔细观察一下线条。后领外缘线用方格尺画直线。

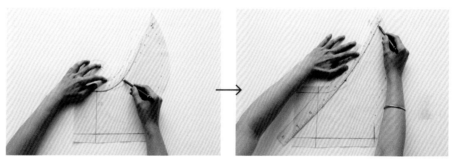

2 后领围线与后中心线交叉处用方格尺画一小段约2cm的垂直线，接着换D形曲线尺，按照领围线记号将线条画顺，再换大弯尺画顺。

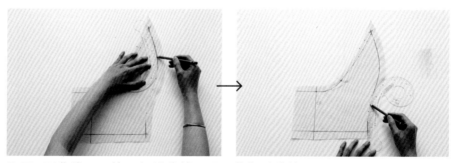

3 用D形曲线尺，按照领外缘线记号，将领外缘线画顺。

完成立裁样版

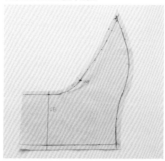

袖子构成原理

　　手臂是人体关节中活动量最大的部分，所以在设计袖子时，必须考虑手臂的方向性与机能性。袖山高、袖宽与缩缝量是袖子制作时的三个关键点，若能精准掌握、灵活运用，必定能做出漂亮的袖子。

人体侧面观察

仔细观察人体上半身体形，在立正站好、手臂自然下垂时，从侧面看，手肘至手腕的部分会微微往前倾。

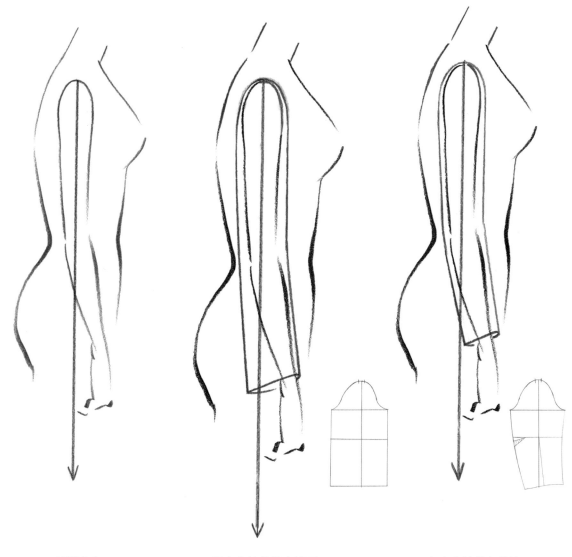

手臂方向　　　　　　　无方向性的基本袖子　　　　　　有方向性的窄管袖子

袖子的结构

手臂自然垂下，从肩点往下至臂根深加1.5~2cm的松份，就是袖山高；从肩点往下至手肘点是肘长；从肩点往下至手腕点是袖长。

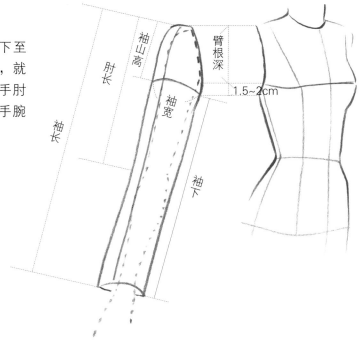

袖山高

袖山高会随着手臂举高而有所变化，因此与容许的活动幅度有紧密关系。当袖山高较高时，袖宽较窄，此时它的外观好看，腋下无皱褶，但容许的活动幅度较小；反之，当袖山高较低时，袖宽较宽，它的外观不大好看，且腋下很多皱褶，但容许的活动幅度较大，手臂方便举高。

一般来说，如果要兼具美观与机能性，制作时可将手臂放在大腿外侧，确定此时袖山高的高度。

袖窿的松份处理

将布料包覆在手臂与肩膀上，将多余的宽松份通过缩缝、尖褶、活褶、细褶、波浪等五种基本技法处理，转变成各式各样的袖型，也可运用剪接线设计来处理。

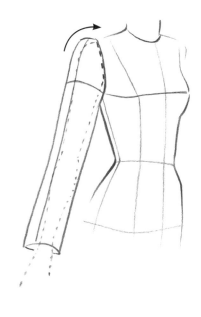

手臂标示带的贴法

1 手臂外侧中心线：将手臂宽度大致2等分，手臂前面略少0.5cm，从手臂最上端开始贴一条直线至手肘，手肘至手腕贴一条微弯线。

2 手臂内侧中心线：将手臂宽度大致2等分，手臂前面略少0.5cm，从手臂最上端开始贴一条直线至手肘，手肘至手腕贴一条微弯线。

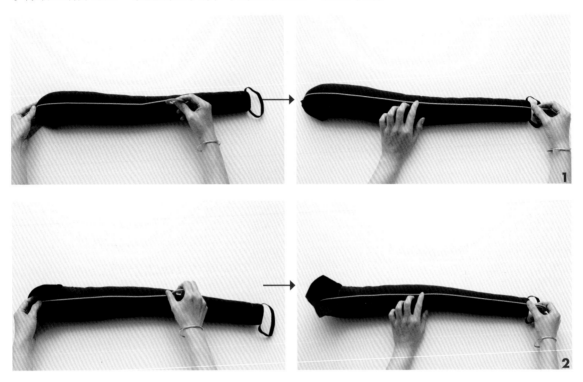

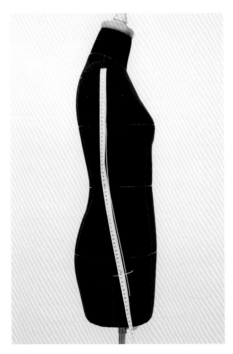

沿手臂量袖长的方法

用皮尺或卷尺固定在手臂最上端，经过手肘再到手腕，量出袖长，一般基本长袖是52~54cm，在袖长底端用标示带水平贴一圈。

手臂别在人台上的方法

1 将手臂紧靠在人台上，手臂的中心线对齐人台上的肩线，将手臂上的力布拉紧后，用丝针逆向别到人台的肩膀上。

2 手腕处的红色虚线必须对齐人台上的胁边线。

3 确定手臂方向，要微微往前倾约20度。

4 压住上手臂，将手臂上的力布拉紧后，用丝针逆向别到肩膀上的前、后腋点。

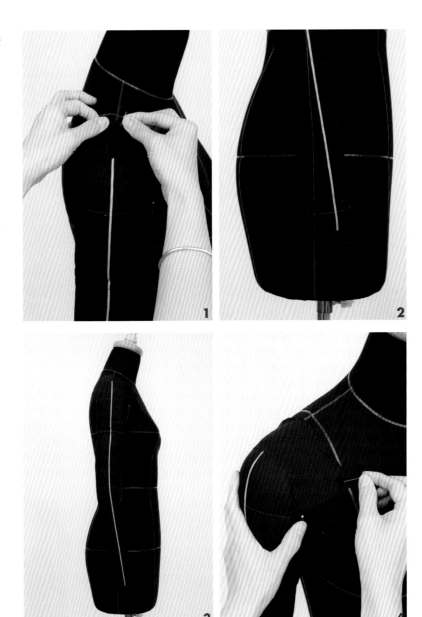

BASIC

基本长袖原型

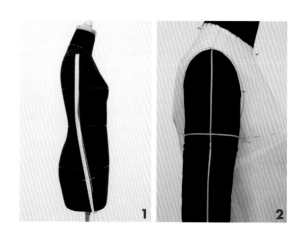

结构分析

1. 无方向性的袖子，又称直筒袖。
2. 袖窿松份用缩缝处理，包覆肩膀。

坯布准备

长度 依照袖子的长度，上下各加6cm
的粗裁量。

宽度 依照设计的袖子宽度，左右各加
5cm的粗裁量。

基准线 中心线用红笔画线，袖宽线用蓝
笔画线。

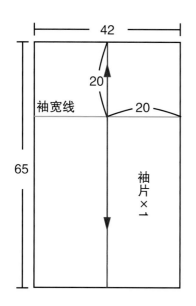

42

20

袖宽线

20

65

袖片×1

手臂准备

用红色标示带在人台上贴出所需要的结构线：

1.贴出袖长位置：从肩点往下量出袖长后，
在袖长底端水平贴一圈。

2.贴出袖宽线：对齐身的腋下点，水平贴一
圈。

制作步骤

1 坯布上所画的中心线
和袖宽线须对齐手臂外
侧的中心线和袖宽线，
用丝针横别固定中心线
与袖宽线交叉处往上下
各4cm处、手肘处，确
定袖长后，将袖口坯布
翻折，固定袖口处。

2 袖口处：坯布上所画
的中心线须对齐手臂外
侧的红色虚线。

3 将坯布包覆手臂，手臂
前面松份约1.5cm，手臂
后面松份约2cm，用丝
针直别固定。

4 松份保持直顺至袖口。

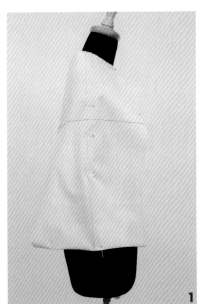

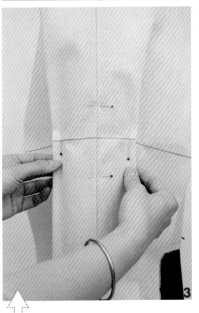

POINT
观察肩膀缩缝量，应为约2cm，
若缩缝量太多，就必须减少松
份。

5 将前、后袖宽线折入，用消失笔画出前、后袖的袖下线记号。

6 沿着前、后袖的袖下线记号，拿方格尺用消失笔画垂直线至袖口。

7 沿着前、后袖的袖下线记号，往外留2cm缝份后，将多余的布剪掉。

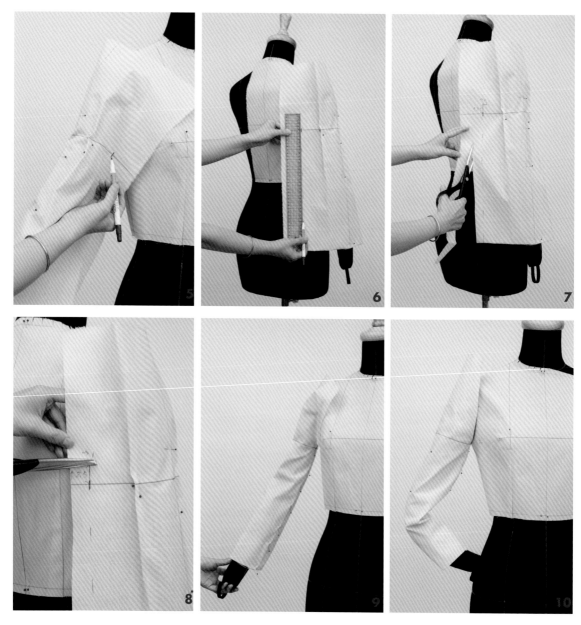

8 沿着前、后袖的袖宽线往上2.5cm处，往内1cm剪牙口。

9 将前袖的袖下线缝份折入，对齐后袖的袖下线，用丝针以盖别法固定。

10 将手臂放在臀围线上5cm处固定，腋下点与袖下点用丝针横别固定。

11 从腋下点慢慢调整袖窿的弧度后，用丝针斜别固定至前腋点。用消失笔画出前腋点的记号。

12 将前袖的坯布拉出来，剪一刀至前腋点。

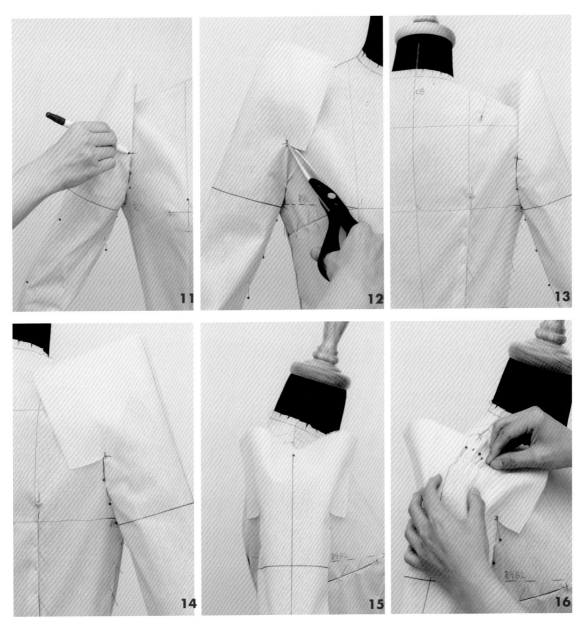

13 从腋下点慢慢调整袖窿的弧度后，用丝针斜别固定至后腋点。用消失笔画出后腋点的记号。

14 将后袖的坯布拉出来，剪一刀至后腋点。

15 将中心线对齐肩点后固定。

16 将前袖窿的松份慢慢折成缩褶后固定，松份平均分散在肩点与前腋点之间。

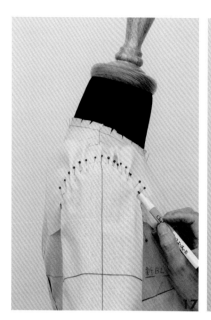

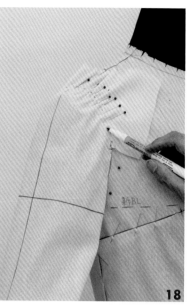

17 将后袖窿的松份慢慢折成缩褶后固定，松份平均分散在肩点与后腋点之间。

18 用消失笔画出前、后袖窿线的记号。完成。

立裁样版修正

画前、后袖下线

1 将坯样从人台上拿下来，仔细观察一下线条，前、后袖下线用方格尺画直线。

画袖口线

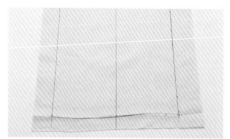

2 用大弯尺按照袖口线的记号画弧线。

画前、后袖窿线

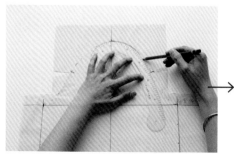

3 用D形曲线尺按照前、后袖窿线的记号画弧线。

画前、后腋下线

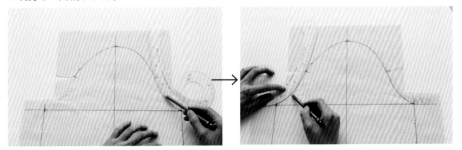

4 用D形曲线尺，按照前、后腋点与袖下点的记号画弧线，连接成腋下线。

5 袖窿线往外留1cm的缝份，袖下线往外留1.5cm的缝份，袖口线往下留4cm的缝份后，将多余的布剪掉，完成立裁样版。

修版后完成

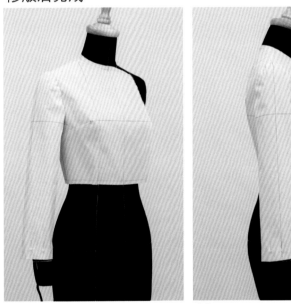

前面

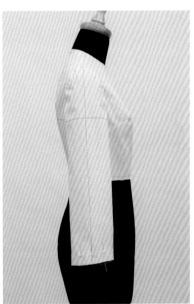

侧面

VARIATIONS

窄管袖

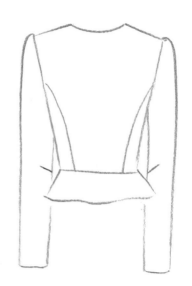

结构分析

1. 有方向性的袖子，后袖手肘有一道尖褶。
2. 袖窿松份用缩缝处理，包覆肩膀。

坯布准备

长度 依照袖子的长度，上下各加6cm的粗裁量。

宽度 依照设计的袖子宽度，左右各加5cm的粗裁量。

基准线 中心线用红笔画线，袖宽线用蓝笔画线。

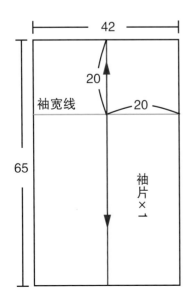

```
        ├──── 42 ────┤

                 ↑
               20 │
                  │
 袖宽线 ──────── │ ─── 20 ──
                  │
                  │
  65              │     袖片×1
                  │
                  ↓
```

手臂准备

用红色标示带在人台上贴出所需要的结构线：

1. 贴出袖长位置：从肩点往下量出袖长后，在袖长底端水平贴一圈。

2. 贴出袖宽线：对齐身的腋下点，水平贴一圈。

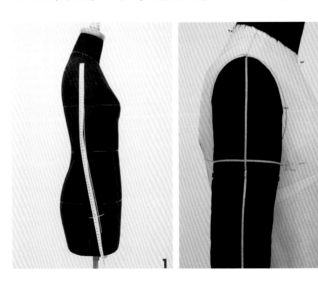

制作步骤

1 坯布上所画的中心线
和袖宽线须对齐手臂外
侧的中心线和袖宽线，
用丝针横别固定中心线
与袖宽线交叉处往上下
各4cm处、手肘处，确
定袖长后，将袖口坯布
翻折，固定袖口处。

2 袖口处：坯布上所画
的中心线须对齐手臂外
侧的红色虚线。

3 将坯布包覆手臂，手
臂前面松份约1.5cm，手
臂后面松份约2cm，用丝
针直别固定。

4 将手臂翻到内侧，用
消失笔画出袖下线与手
肘线记号。

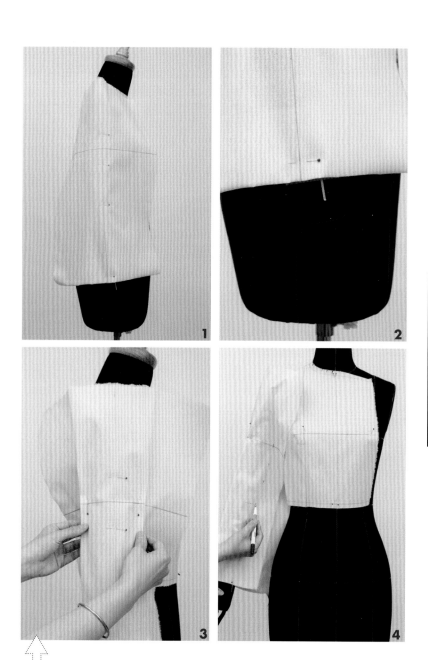

POINT
观察肩膀缩缝量，应为约2cm，
若缩缝量太多，就必须减少松
份。

5 在前袖的手肘线处剪一刀。

6 将前袖的手肘线处往外拉0.7~1cm后，用消失笔重新画出前袖下线的记号，往外留2cm缝份后，将多余的布剪掉。

7 后袖手肘线往下1.5~2cm处抓一道尖褶，让袖口缩小，袖口松份约为手掌围加4~6cm。

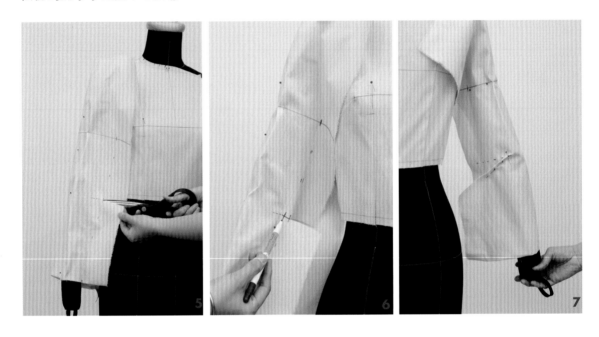

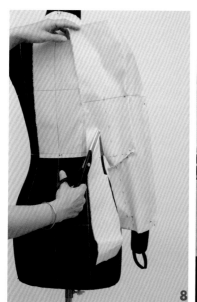 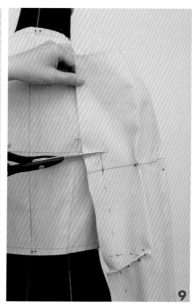 

8 用消失笔画出后袖下线的记号，往外留2cm缝份后，将多余的布剪掉。

9 沿着前、后袖的袖宽线往上2.5cm处，往内1cm剪牙口。

10 将前袖的袖下线缝份折入，对齐后袖的袖下线，用丝针以盖别法固定。

11 将手臂放在臀围线上5cm处固定，腋下点与袖下点用丝针横别固定。

12 从腋下点慢慢调整袖窿的弧度后，用丝针斜别固定至前腋点。用消失笔画出前腋点的记号。

13 将前袖的坯布拉出来，剪一刀至前腋点。

14 从腋下点慢慢调整袖窿的弧度后，用丝针斜别固定至后腋点。用消失笔画出后腋点的记号。

14

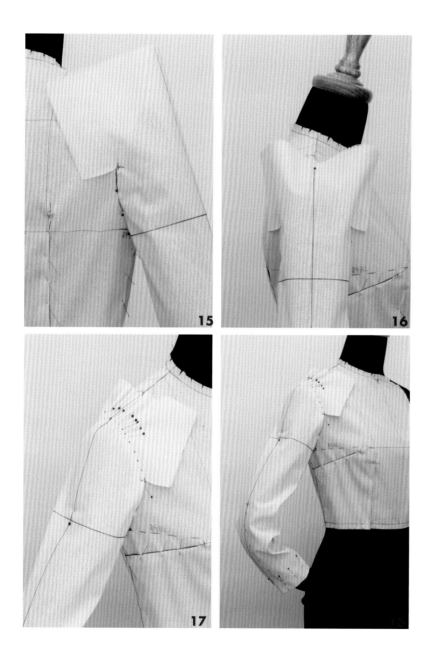

15 将后袖的坯布拉出来，剪一刀至后腋点。

16 将中心线对齐肩点后固定。

17 将前、后袖窿的松份慢慢折成缩褶后固定，松份平均分散在肩点与前、后腋点之间。

18 用消失笔画出前、后袖窿线记号。完成。

画前、后袖下线

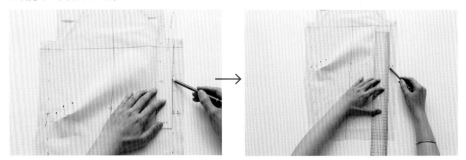

1 将坯样从人台上拿下来，仔细观察一下线条，前袖下线的手肘以上用大弯尺画弧线，手肘以下用方格尺画直线。

2 袖口中心线往前约2cm，用方格尺画直线。

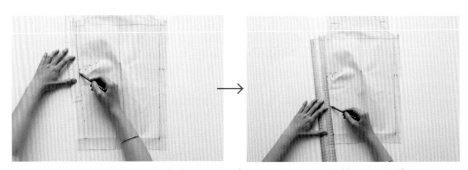

3 后袖下线的手肘以上用大弯尺画弧线，手肘以下用方格尺画直线。

画袖口线

4 用大弯尺按照袖口线的记号画弧线。

画手肘尖褶线

5 用方格尺，按照尖褶线的记号画直线。

画前、后袖窿线

6 用D形曲线尺，按照前、后袖窿线的记号画弧线。

画前、后腋下线

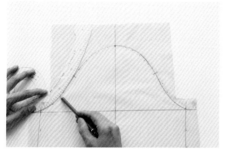

7 用D形曲线尺，按照前、后腋点与袖下点的记号画弧线，连接成腋下线。

8 袖窿线往外留1cm的缝份，袖下线往外留1.5cm的缝份，袖口线往下留4cm缝份后，将多余的布剪掉，完成立裁样版。

修版后完成

前面

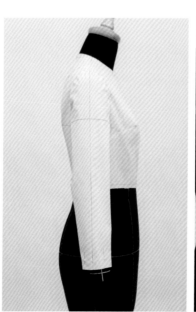

侧面

后面

泡泡袖

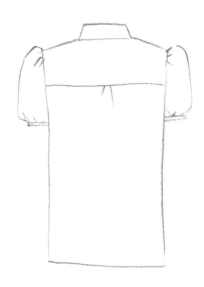

结构分析

1.袖窿松份用细褶处理，包覆肩膀。
2.袖口也用细褶处理，做出蓬松感。

坯布准备

长度 依照袖子的长度，肩点往上加10cm，袖长往下加10cm的粗裁量。

宽度 依照设计的袖子宽度，左右各加10cm的粗裁量。

基准线 中心线用红笔画线，袖宽线用蓝笔画线。

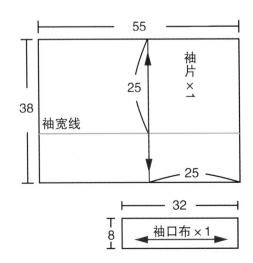

手臂准备

用红色标示带在手臂上贴出所需要的结构线：

1.贴出袖宽线：对齐身的腋下点，水平贴一圈。

2.在设定的袖长处，用坯布缠绕出约2cm的松份。

3.贴出袖长位置：从肩点往下量出袖长后，以袖宽线为基准，往下5cm水平贴一圈。

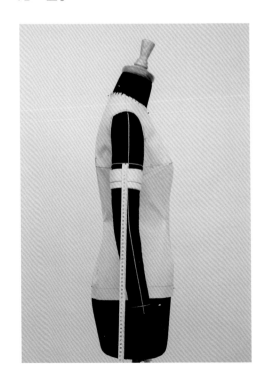

制作步骤

POINT
若细褶量太少，就必须增加松份。

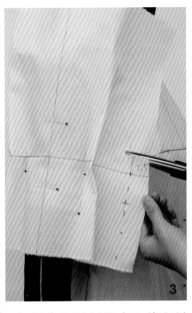

1 坯布上所画的中心线和袖宽线须对齐手臂外侧的中心线和袖宽线，用丝针横别固定中心线与袖宽线交叉处往上4cm处、袖口处。将坯布包覆手臂，手臂前、后的松份各约6cm，松份保持直顺至袖口。

2 用消失笔画出前、后袖的袖下线记号，往外留2cm缝份后，将多余的布剪掉。

3 沿着前、后袖的袖宽线往上2.5cm处，往内1cm剪牙口。

4 将前袖的袖下线缝份折入，对齐后袖的袖下线，用丝针以盖别法固定。

5 用一条坯布绑在袖口处，将前、后的松份平均分散在袖口处。

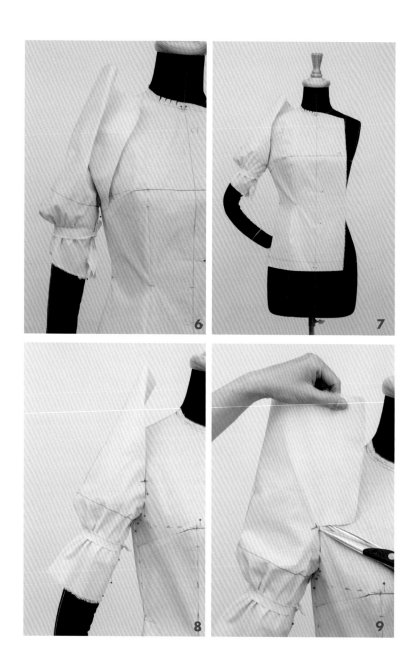

6 将中心线与袖宽线交叉处微微拉高，并调整整圈的蓬松度。

7 将手臂放在臀围线上5cm处固定，腋下点与袖下点用丝针横别固定。

8 从腋下点慢慢调整袖窿的弧度后，用丝针斜别固定至前、后腋点。用消失笔画出前、后腋点的记号。

9 将前、后袖的坯布拉出来，各剪一刀至前、后腋点。

10 在袖子的中心线与身的肩点交叉处，将坯布微微拉高，做出所需的蓬松度。

11 将中心线对齐肩点后固定，前、后袖窿的松份慢慢折出细褶后固定，细褶平均分散在肩点与前、后腋点之间。用消失笔画出前、后袖窿线记号。

12 用消失笔画出袖口线记号。

13 沿着袖窿线往外留1.5cm缝份，袖口线往下留1.5cm缝份后，将多余的布剪掉即完成。仔细观察外轮廓，看宽松度、细褶分量是否符合设计稿。

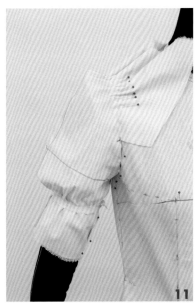

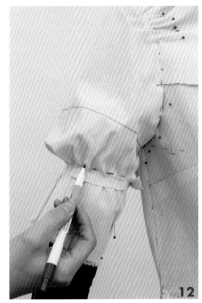

画前、后袖下线

 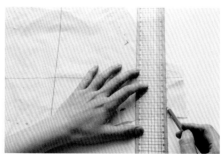

1 将坯样从人台上拿下来，仔细观察一下线条，前、后袖下线用方格尺画直线。

画袖口线

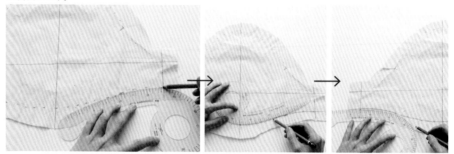

2 用D形曲线尺，按照袖口线的记号画弧线。

画前袖窿线

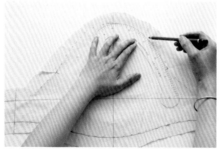 

3 用D形曲线尺，按照前袖窿线的记号画弧线。

画后袖窿线

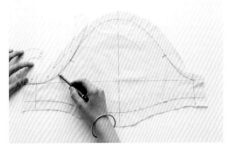

4 用D形曲线尺，按照后袖窿线的记号画弧线。

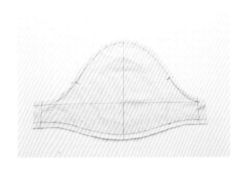

5 袖窿线、袖口线都往外留1cm缝份，袖下线往外留1.5cm的缝份后，将多余的布剪掉。画出前、后腋下线，完成立裁样版。

修版后完成

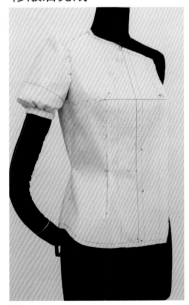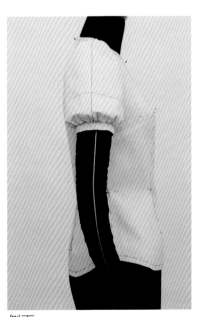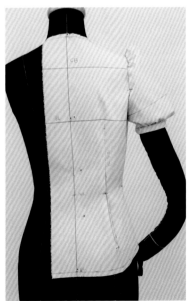

前面　　　　　　　侧面　　　　　　　后面

翻折短袖

结构分析

袖窿松份用缩缝处理，包覆肩膀。

坯布准备

长度	依照袖子的长度加翻折袖口的宽度 × 2，肩点往上加6cm，袖长往下加6cm的粗裁量。
宽度	依照设计的袖子宽度，左右各加5cm的粗裁量。
基准线	中心线用红笔画线，袖宽线用蓝笔画线。

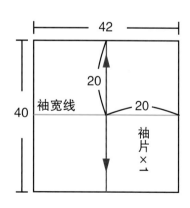

手臂准备

用红色标示带在人台上贴出所需要的结构线:

1. 贴出袖宽线: 对齐身的腋下点，水平贴一圈。

2. 贴出袖长位置: 从肩点往下量出袖长后，以袖宽线为基准，往下8cm水平贴一圈。

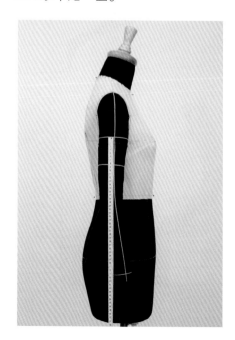

制作步骤

1 袖宽线往下8~10cm为袖下长，再画翻折部分，宽度约3cm。

2 将多余的布往内翻折后，再将翻折部分往上翻折。

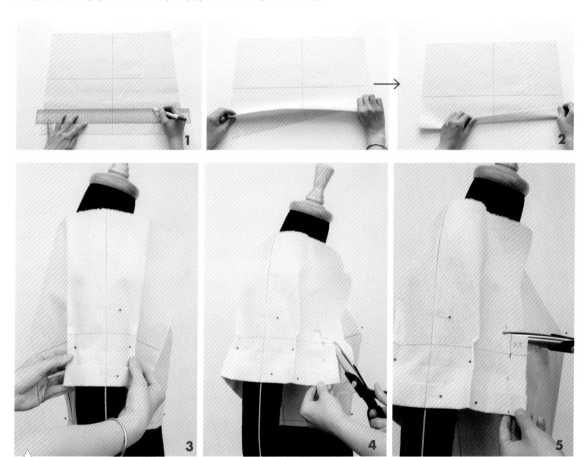

POINT
观察肩膀缩缝量，应为约2cm，若缩缝量太多，就必须减少松份。

3 坯布上所画的中心线和袖宽线须对齐手臂外侧的中心线和袖宽线，用丝针横别固定中心线与袖宽线交叉处往上4cm及袖口处。将坯布包覆手臂，手臂前面松份约1.5cm，手臂后面松份约2cm，用丝针直别固定。

4 将前、后袖宽线折入，用消失笔画出前、后袖的袖下线记号。沿着前、后袖的袖下线记号，往外留2cm缝份后，将多余的布剪掉。

5 沿着前、后袖的袖宽线往上2.5cm处，往内1cm剪牙口。

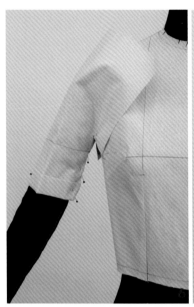  

8

6 将前袖的袖下线缝份折入，对齐后袖的袖下线，用丝针以盖别法固定。

7 将手臂放在臀围线上5cm处固定，腋下点与袖下点用丝针横别固定。

8 从腋下点慢慢调整袖窿的弧度后，用丝针斜别固定至前、后腋点。用消失笔画出前、后腋点的记号。

  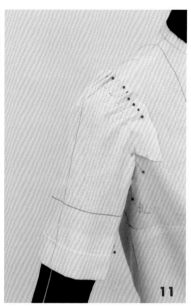

9 将前、后袖的坯布拉出来，各剪一刀至前、后腋点。

10 将中心线对齐肩点后固定，将前、后袖窿的松份用丝针慢慢折成缩褶后固定，松份平均分散在肩点与前、后腋点之间。用消失笔画出前、后袖窿线的记号。

11 沿着袖窿线往外留1.5cm缝份后，将多余的布剪掉即完成。仔细观察外轮廓，看宽松份、缩缝份是否符合设计稿。

画前、后袖下线

1 将坯样从人台上拿下来，仔细观察一下线条，前、后袖下线用方格尺画斜线。

2 沿着袖下线往外留1.5cm缝份后，将多余的布剪掉。

画袖口线

3 用方格尺按照袖口线的记号画直线，往下留2.5cm缝份后，将多余的布剪掉。

画前袖窿线

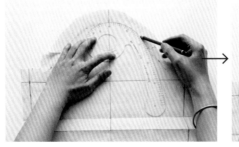 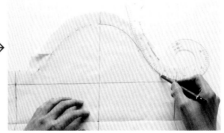

4 用D形曲线尺，按照前袖窿线的记号画弧线。

画后袖窿线

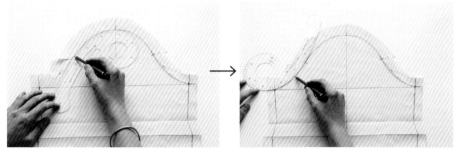

5 用D形曲线尺，按照后袖窿线的记号画弧线。

画前、后腋下线

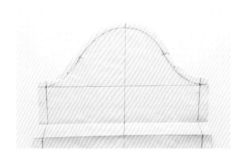

6 画出前、后腋下线，袖窿线往外留1cm的缝份后，将多余的布剪掉，完成立裁样版。

修版后完成

前面

侧面

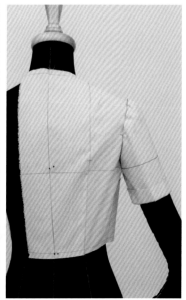

后面

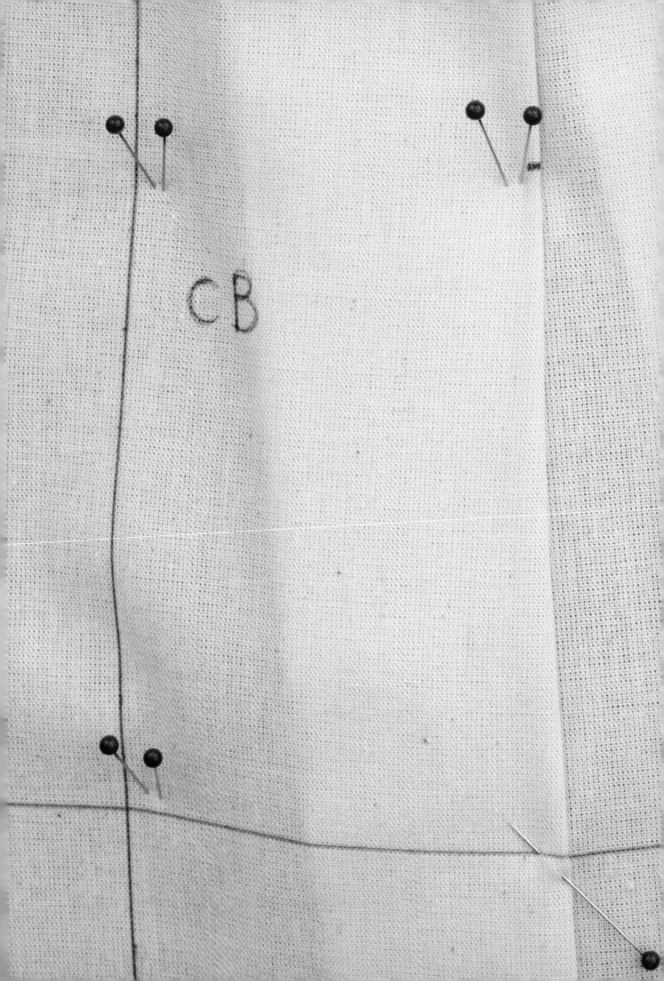

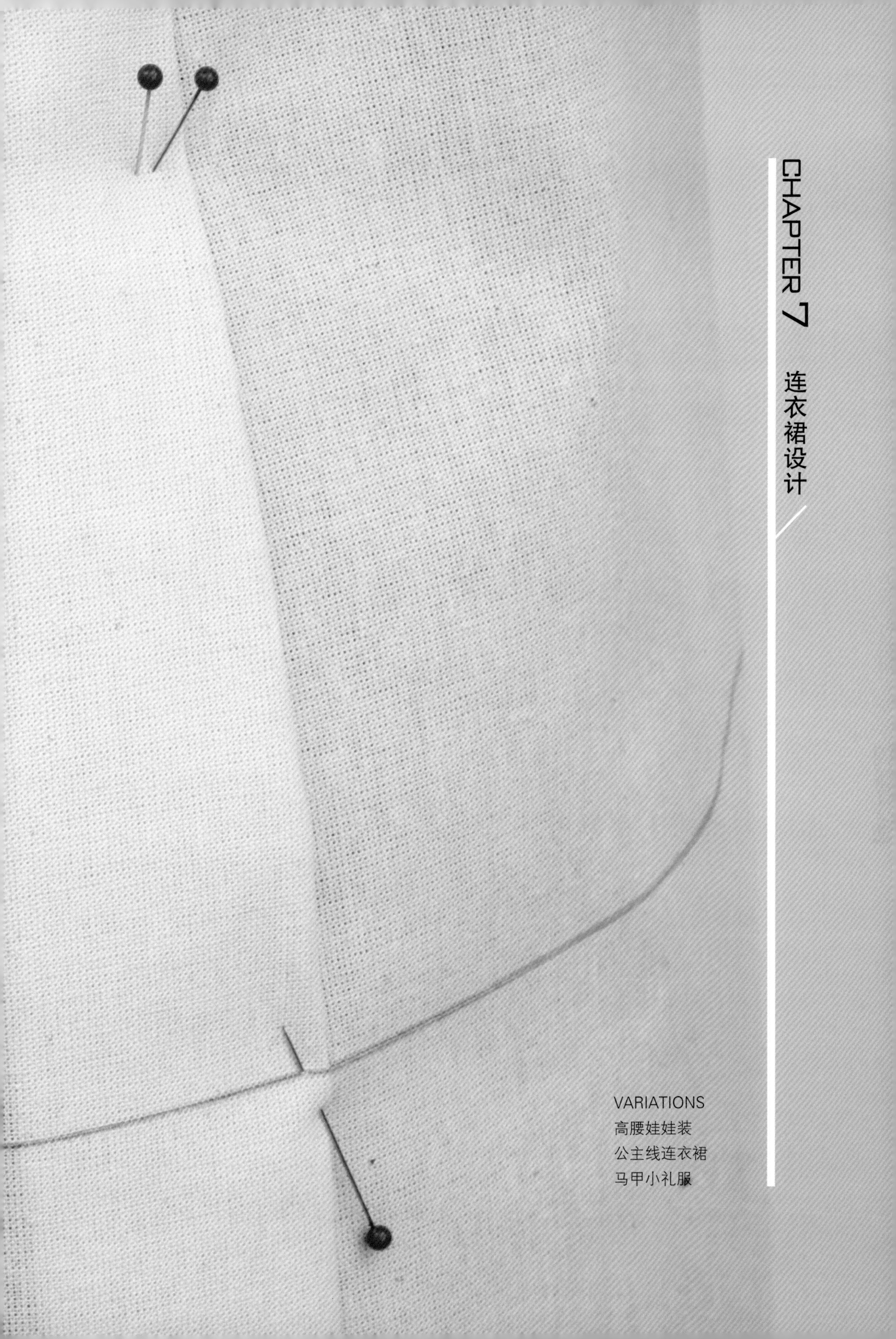

CHAPTER 7 连衣裙设计

VARIATIONS

高腰娃娃装

公主线连衣裙

马甲小礼服

结构分析

以高腰的裁剪、层叠的波浪，展现女人俏丽可爱的一面。

坯布准备

基准线 前、后中心线用红笔画线，横布纹用蓝笔画线。

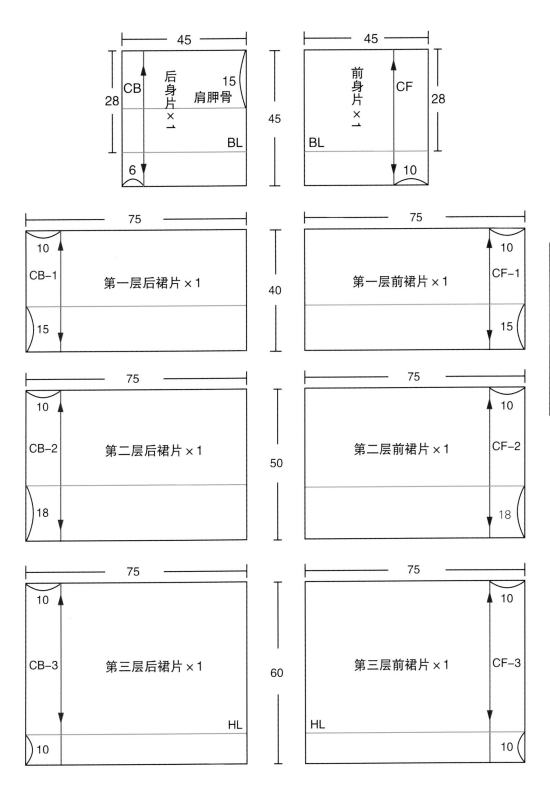

人台准备

用红色标示带在人台上贴出所需要的结构线：

1. V领线：后颈点往下2.5~3cm，前颈点往下约12cm。

2. 袖窿线：肩点往内1.5~2cm，腋下点往下1~1.5cm。

3. 肩宽4~5cm。

4. 高腰剪接线：从前中心的腰围线往上6~8cm。

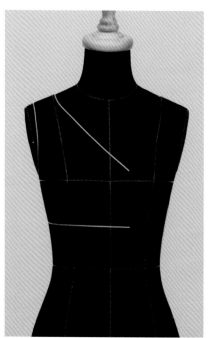

前面

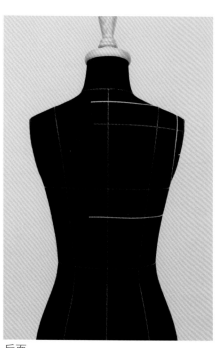

后面

制作步骤

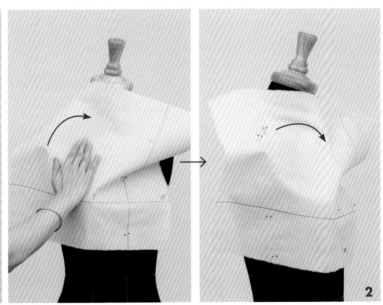

前身片

1 坯布上所画的前中心线和胸围线须对齐人台上的前中心线和胸围线，依次用丝针以V形固定前中心线与领围线交叉处、左右BP处，前中心高腰剪接线处则用倒V形固定。

2 高腰剪接线处留0.5~1cm的松份（松份量为整圈松份除以4），将多余的松份往胁边推去，用丝针固定胁边线；将褶子转移至前中心线后，用丝针固定肩线。

3 用消失笔画出V领线记号，沿着V领线往外留1.5cm缝份后，将多余的布剪掉。

4 沿着前中心的剪接线抓出细褶，方法如下：第1根丝针固定好，第2根丝针距离第1根丝针约1.5cm插在身片上后，把布往前推0.7cm，再将丝针直插在人台上固定，依此类推。

5 胸围线上留0.5~1cm的松份（松份量为整圈松份除以4），用丝针固定胁边线与胸围线交叉处。沿着胁边线往外留2cm的缝份、袖窿线往外留1.5cm的缝份、肩线往外留2cm的缝份后，将多余的布剪掉。

6 前身片完成。

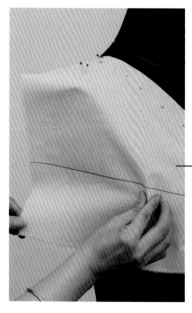

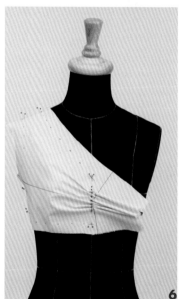

后身片

1 坯布上所画的后中心线和胸围线须对齐人台上的后中心线和胸围线，依次用丝针以V形固定后中心线与领围线交叉处，后中心高腰剪接线处则用倒V形固定。用消失笔画出领围线的记号，沿着领围线往外留1.5cm缝份后，将多余的布剪掉；接着用右手掌从肩胛骨把布抚平并推至肩膀位置，再用丝针直插固定肩线。

2 腰褶：在后公主线上抓一道尖褶，褶宽2~2.5cm，褶长至胸围线往上2cm处，用丝针以抓别法固定尖褶。

3 胸围线上留0.5~1cm的松份（松份量为整圈松份除以4），将多余的松份往胁边推去，用丝针直插固定胁边线，再沿着胁边线往外留2cm缝份，袖窿线往外留1.5cm、肩线往外留2cm的缝份后，将多余的布剪掉。

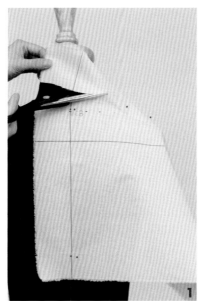

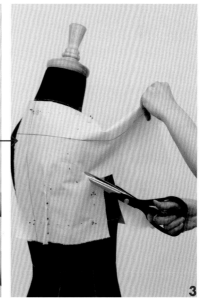

4 后身片完成。

5 将领围线与袖窿线的缝份剪牙口，往内折入。用标示带把高腰剪接线贴到坯布上，确定波浪的位置，前、后身片各分3等份。

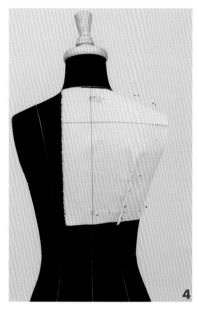

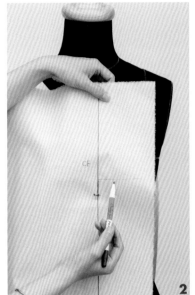

POINT
波浪尺寸均相同。

第三层前裙片

1 坯布上所画的前中心线和臀围线须对齐人台上的前中心线和臀围线，依次用丝针以V形固定前中心线与高腰剪接线、臀围线交叉处。

2 前中心线与高腰剪接线交叉处用丝针以V形固定后，往上2cm用消失笔画记号。

3 沿着记号剪牙口。

4 第一道波浪：沿前中心线抓起来，左右各一半波浪，坯布的前中心线对齐人台的前中心线，波浪大小为6~8cm。在臀围线上用丝针直插将波浪固定在人台上。

5 第二道波浪：沿着高腰剪接线将裙片直别固定在身片上，往第二道波浪点别，用消失笔画记号。

POINT
用丝针将裙片直别固定在身片上时，要注意裙片是否保持顺直平整，确保裙片不可凹陷在人台的腰围上。

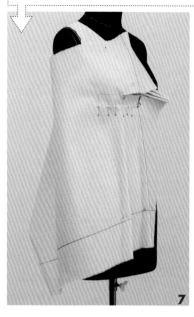

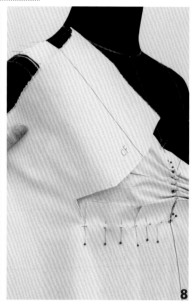

6 沿着记号剪牙口，接着抓出波浪，波浪大小为6~8cm。在臀围线上用丝针直插将波浪固定在人台上。

7 第三道波浪：将丝针直别在身片的坯布上，往第三道波浪点别，用消失笔画记号。

8 沿着记号剪牙口，接着折波浪，波浪大小为6~8cm。在臀围线上用丝针直插将波浪固定在人台上。

9 胁边线的波浪：将丝针直别在身的坯布上，继续往胁边波浪点别，用消失笔画记号。沿着记号剪牙口，接着抓出波浪，波浪大小为6~8cm。在臀围线上用丝针直插将波浪固定在人台上。胁边线往外留2cm缝份后，将多余的布剪掉。

10 第三层前裙片完成。

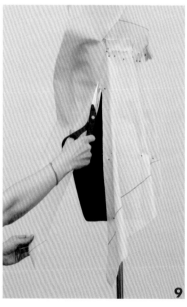

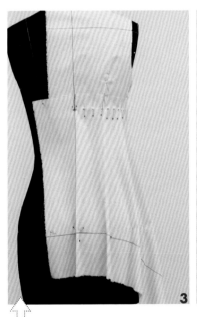

第三层后裙片

1 坯布上所画的后中心线和臀围线须对齐人台上的后中心线和臀围线，依次用丝针以V形固定后中心线与高腰剪接线、臀围线交叉处。后中心线与高腰剪接线交叉处固定后，往上2cm用消失笔画记号，沿着记号剪牙口。

2 第一道波浪：沿后中心线抓起来，左右各一半波浪，坯布的后中心线对齐人台的后中心线，波浪大小为6~8cm。在臀围线上用丝针直插将波浪固定在人台上。

3 第二、三道波浪：做法与前裙片相同。将丝针直别在身片的坯布上，往第二、三道波浪点别，用消失笔画记号。接着沿着记号剪牙口、抓出波浪，波浪大小为6~8cm。在臀围线上用丝针直插将波浪固定在人台上。

4 胁边线的波浪：将丝针直别在身片的坯布上，继续往胁边波浪点别，用消失笔画记号。沿着记号剪牙口、抓出波浪，波浪大小为6~8cm。在臀围线上用丝针直插将波浪固定在人台上。胁边线往外留2cm缝份后，将多余的布剪掉。

POINT
用丝针将裙片直别固定在身片上时，要注意裙片是否保持顺直平整，不可凹陷在人台的腰围上。

5 将前、后裙片合在一起，看一下整体的波浪大小是否符合设计。

6 在胁边的中心线做记号，前、后裙片各半道波浪，胁边线往外留2cm缝份后，将多余的布剪掉。

7 将前、后裙片用丝针以盖别法固定。用消失笔画出臀围线与波浪位置的记号。

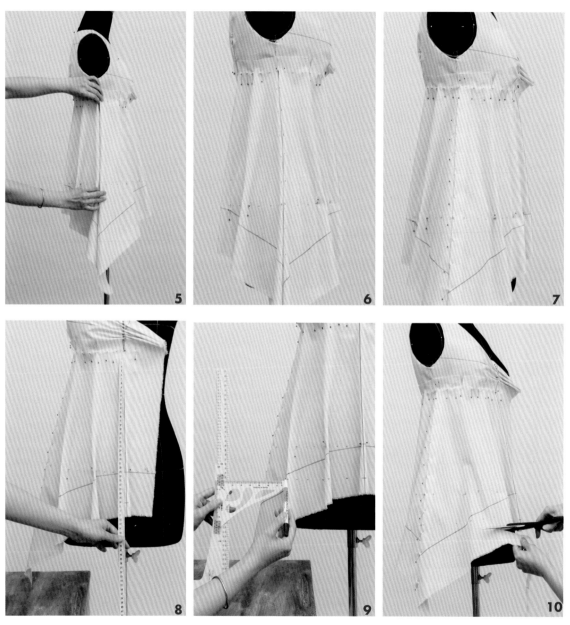

8 量出裙长后画上记号。

9 用L形直角尺测量从桌面到裙长记号的尺寸，用纸胶带把三角板粘贴到L形直角尺上，用消失笔水平画出前、后裙长记号。

10 裙子下摆线往下留1cm缝份后，将多余的布剪掉。

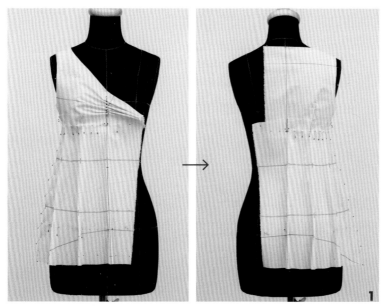

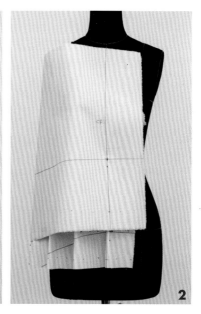

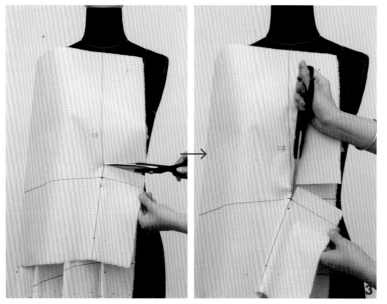

第二层前裙片

1 将第三层的裙长三等分后，用标示带将第二层的剪接位置往上2cm与裙长贴出来。波浪点同第三层位置。

2 坯布上所画的前中心线和蓝色线须对齐人台上的前中心线和第二层的剪接线，用丝针直别在第三层裙片的坯布上。

3 前中心线与第二层剪接线交叉处往上2cm，用消失笔画记号，再沿着记号剪牙口。

4 第一道波浪：沿前中心线抓起来，左右各一半波浪，坯布的前中心线对齐人台上的前中心线，剪第二层裙长。

5 把第三层的波浪先别好，在臀围线上用丝针直插将波浪固定在人台上后，抓第二层的波浪。波浪要比第三层大2~3cm，以突显层次感。

6 第二道波浪：将右手伸入第二、三层之间，将第三层坯布拨平整后，用丝针直别在第二层剪接线的坯布上，继续往第二道波浪点别，用消失笔画记号。

7 沿着记号剪牙口，用消失笔画出裙长记号。

POINT
第一道波浪确定大小后，第二、三道大小也都一样。

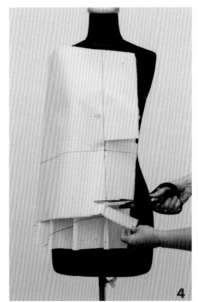

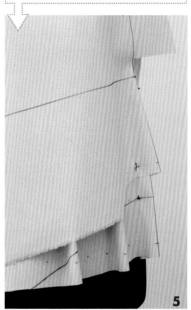

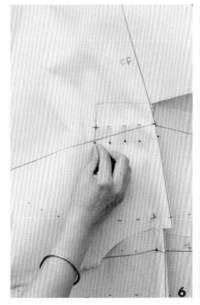

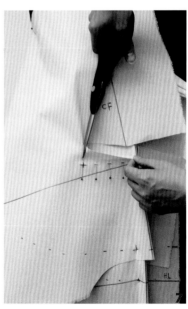

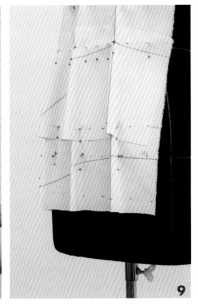

8 沿着裙长记号往外留1cm缝份后，将多余的布剪掉。

9 把第三层的第二道波浪先别好，在臀围线上用丝针直插将波浪固定在人台上后，抓第二层的波浪，波浪大小要比第三层大2~3cm，以突显层次感。

10 第三道波浪和胁边线波浪做法与第二道波浪相同。

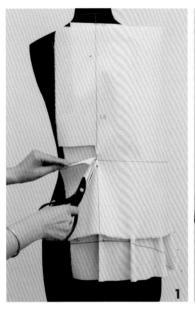

第二层后裙片

1 坯布上所画的后中心线和蓝色线须对齐人台上的后中心线和第二层的剪接线，用丝针直别在第三层裙片的坯布上。后中心线与第二层剪接线交叉处往上2cm，用消失笔画记号，再沿着记号剪牙口。

2 第一道波浪：沿后中心线抓起来，左右各一半波浪，坯布的后中心线对齐人台的后中心线，剪第二层的裙长。

3 接下来做法皆与第二层前裙片相同。

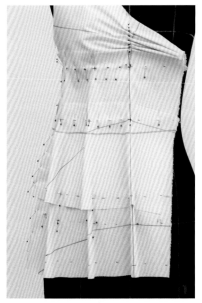

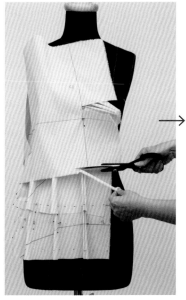

第一层前、后裙片

1 用标示带将第一层裙长贴出来，波浪点同第二、三层位置。

2 接下来做法与第二层前裙片相同。

3 完成。

可爱的细褶波浪袖

1 将正斜纹布对折，画出肩点。

2 袖子宽度为5~6cm。

3 长度是肩点至前腋点尺寸×2加肩点至后腋点尺寸×2。

4 袖窿线往外留1cm缝份，将多余的布剪掉。

5 用平针缝缝两道后，抽成细褶。

6 将袖子别在身片上，完成。

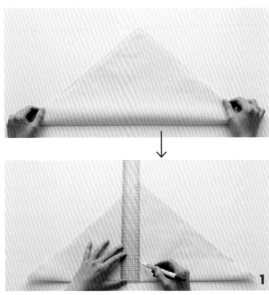

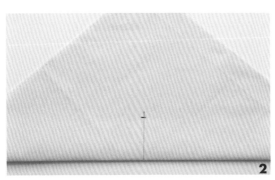

画前、后身片线

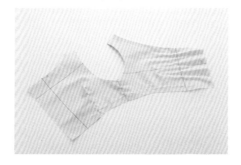

1 将坯样从人台上拿下来，仔细观察一下线条。

 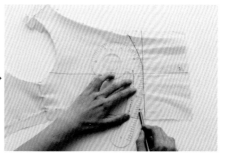

2 用D形曲线尺，按照细褶线记号将前中心细褶线画顺。

 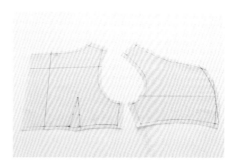

3 用D形曲线尺，按照高腰剪接线记号将前、后身片的高腰剪接线画顺。

4 胁边线与肩线往外留1.5cm，领围线、袖窿线、前中心细褶线皆往外留1cm缝份后，将多余的布剪掉。完成立裁样版。

画波浪裙线

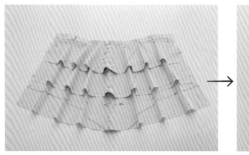

5 将坯样从人台上拿下来，仔细观察一下线条。

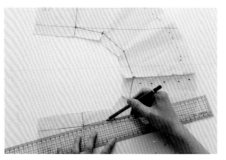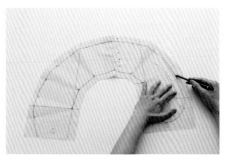

6 第一层裙片的腰部按照记号用方格尺画直线。

7 第一层裙片的下摆按照记号用D形曲线尺画弧线。

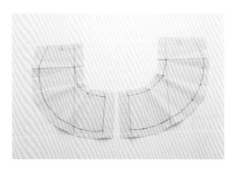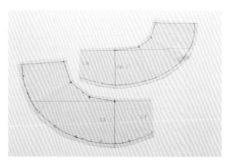

8 第一层裙片的胁边按照记号用方格尺画直线。

9 第一层裙片完成。

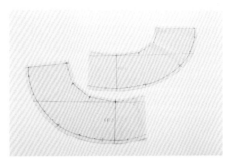

10 第二层裙片按照第一层裙片的画法完成。

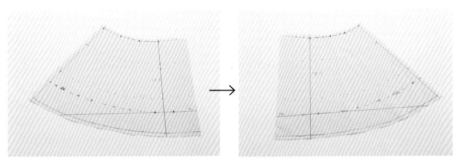

11 第三层裙片的高腰剪接线与下摆线按照记号用大弯尺画弧线，胁边线则按记号用方格尺画直线。全部的缝份往外留1cm后，将多余的布剪掉。完成立裁样版。

修版后完成

前面

侧面

后面

公主线连衣裙

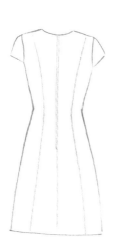

款式分析

直线条裁剪，有修身效果，展现女人优雅的一面。

坯布准备

基准线 前、后中心线与前、后胁中心线用红笔画线，胸围线用蓝笔画线。

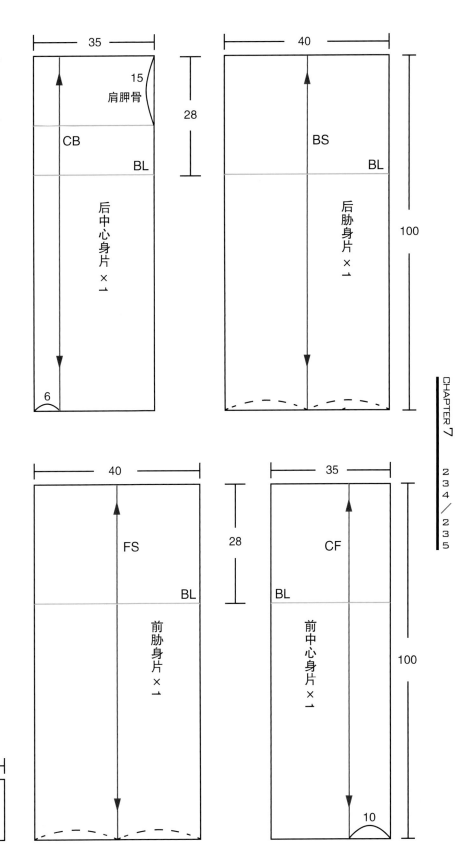

人台准备

用红色标示带在人台上贴出所需要的结构线：

1. 公主线：从肩膀开始分别沿着前、后公主线贴到中腰围后，慢慢往外顺贴，至下摆处时往外3~5cm。

2. 领围线：后颈点下降约1cm，侧颈点往外约1cm，前颈点下降1.5~2cm。

3. 袖窿线：肩点往内1~1.5cm，腋下点下降1~1.5cm。

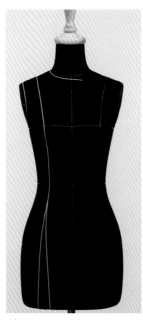
前面

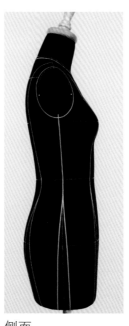
侧面

后面

4. 胁边线：从腋下开始沿着胁边线贴到中腰围后，慢慢往外顺贴；至下摆处时往外3~5cm。

制作步骤

1

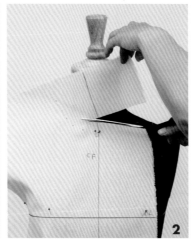
2

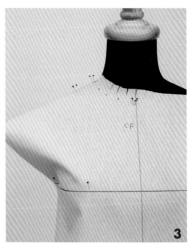
3

前中心身片

1 坯布上所画的前中心线和胸围线须对齐人台上的前中心线和胸围线，依次用丝针以V形固定前中心线与领围线交叉处、左右BP处；前中心腰围线上、下各5cm处用丝针横别固定，臀围处、下摆处则用倒V形固定。胸围线保持水平至胁边线，用丝针以V形固定。

2 用消失笔暂时画出领围线，沿着领围线往外留1.5cm缝份后，将多余的布剪掉并剪牙口。

3 用右手掌从胸部把布抚平并推至肩膀后，用丝针固定侧颈点与前公主线剪接点。沿着肩线往外留2cm缝份后，将多余的布剪掉。

POINT
从臀围线至裙摆处用L形直角尺画直线。

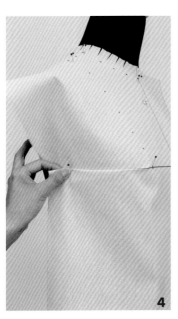

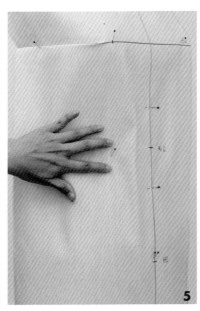

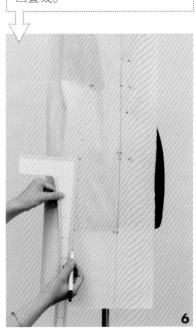

4 把胁边褶顺着胸围线折入，用丝针直插固定。

5 腰围线处用丝针直插固定。

6 沿着前公主线到中腰围再到下摆，用消失笔画出记号。

7 沿着前公主线往外留1.5cm缝份后，将多余的布剪掉。腰围线与腰围线上、下3cm处各剪一刀，把腰围松份再推掉一些。

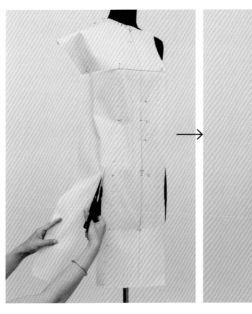

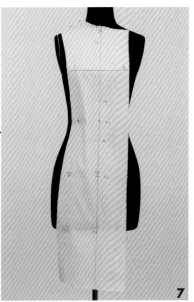

前胁身片

1 前胁中心线用L形直角尺比对，用消失笔垂直胸围线画出直线，接着用标示带贴出直线。

2 坯布上所画的前胁中心线和胸围线须对齐人台上的前胁中心线和胸围线，依次用丝针以V形固定前胁中心线、胁边线与胸围线交叉处及右BP处前胁中心腰围线上、下各5cm处用丝针横别固定，臀围处、下摆处则用倒V形固定。

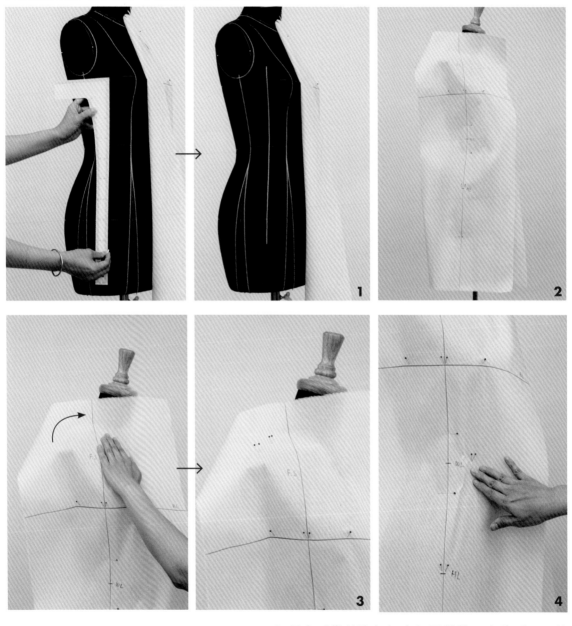

3 用左手掌从胸部把布抚平并推至肩膀后，用丝针固定肩点与前公主线剪接点。

4 前公主线与腰围线交叉处用丝针直插固定。

POINT
从臀围线至裙摆处用L形直角尺
画直线。

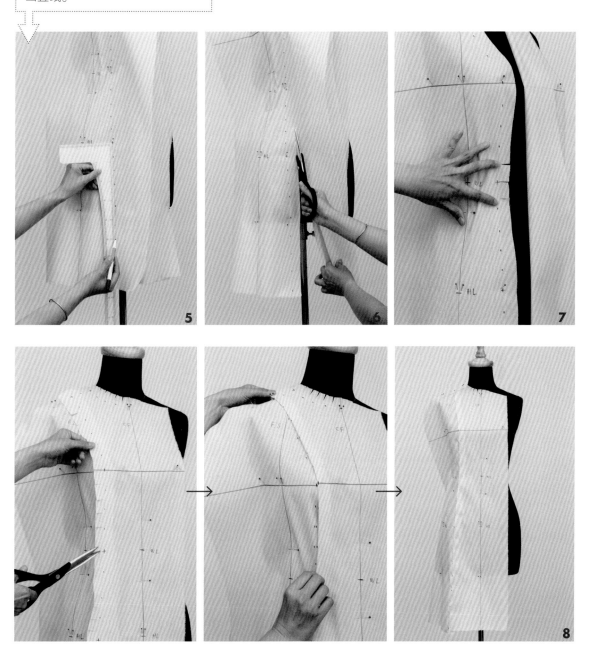

5 沿着前公主线到中腰围再到下摆，用消失笔画出记号。

6 沿着前公主线往外留1.5cm的缝份后，将多余的布剪掉。

7 前公主线上的腰围线与腰围线上、下3cm处各剪一刀，把腰围松份再推掉一些。

8 前中心身片的前公主线上剪牙口后，把缝份折入，用丝针以盖别法与前胁身片固定上去。

POINT
从臀围线至裙摆处用L形直角尺画直线。

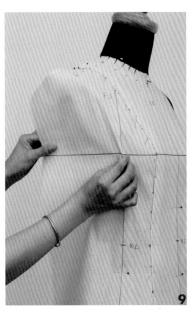

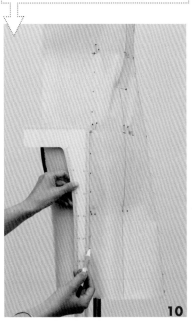

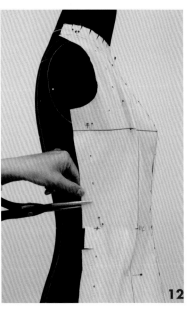

9 前胁身片在胸围线上留1~1.5cm的松份（松份量为整圈松份除以4），用丝针固定胁边线与胸围线交叉处。

10 沿着胁边线用消失笔画出记号。

11 沿着胁边线往外留2cm缝份、袖窿线往外留1.5cm缝份后，将多余的布剪掉。

12 胁边的腰围线与腰围线上、下3cm处各剪一刀，把腰围松份再推掉一些。

后中心身片

1 坯布上所画的后中心线和胸围线须对齐人台上的后中心线和胸围线，依次用丝针以V形固定后中心线与领围线、胸围线交叉处；后中心腰围线上、下各5cm处用丝针横别固定，臀围处、下摆处则用倒V形固定；胸围线保持水平至胁边线，用丝针以V形固定。

2 用消失笔暂时画出领围线，沿着领围线往外留1.5cm缝份后，将多余的布剪掉并剪牙口。

3 用右手掌从肩胛骨把布抚平并推至肩膀前，用丝针固定侧颈点与后公主线剪接点。沿着肩线往外留2cm缝份后，将多余的布剪掉。

4 后公主线与腰围线交叉处用丝针直插固定。

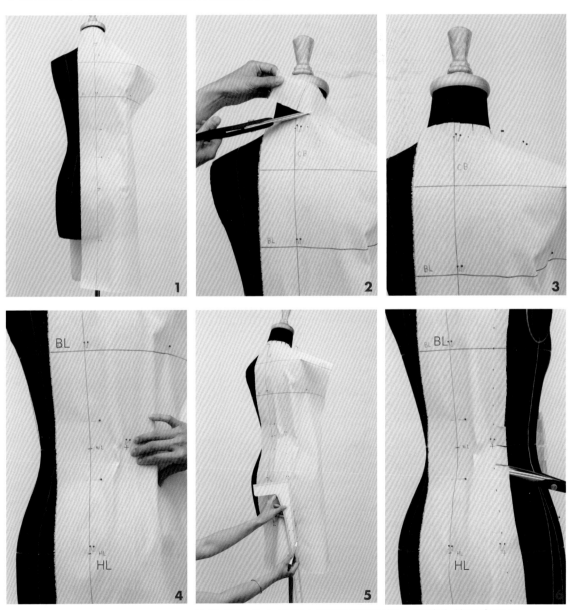

5 沿着后公主线到中腰围再到下摆，用消失笔画出记号。

6 沿着后公主线往外留1.5cm的缝份后，将多余的布剪掉。后公主线上的腰围线与腰围线上、下3cm处各剪一刀，把腰围松份再推掉一些。

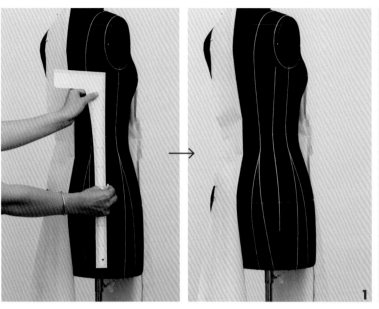

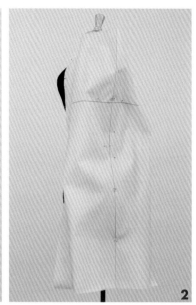

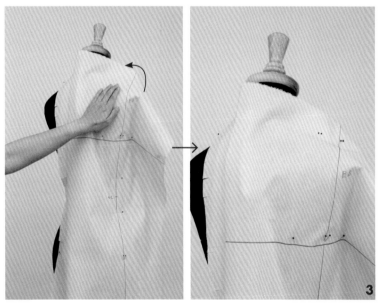

后胁身片

1 后胁中心线用L形直角尺比对，用消失笔垂直于胸围线画出直线，接着用标示带贴出直线。

2 坯布上所画的后胁中心线和胸围线须对齐人台上的后胁中心线和胸围线，依次用丝针以V形固定胸围线与后胁中心线、后公主线剪接线、胁边线交叉处、后胁中心腰围线上、下各5cm处用丝针横别固定，臀围处、下摆处则用倒V形固定。

3 用左手掌从肩胛骨把布抚平并推至肩膀前，用丝针固定肩点与后公主线剪接点。

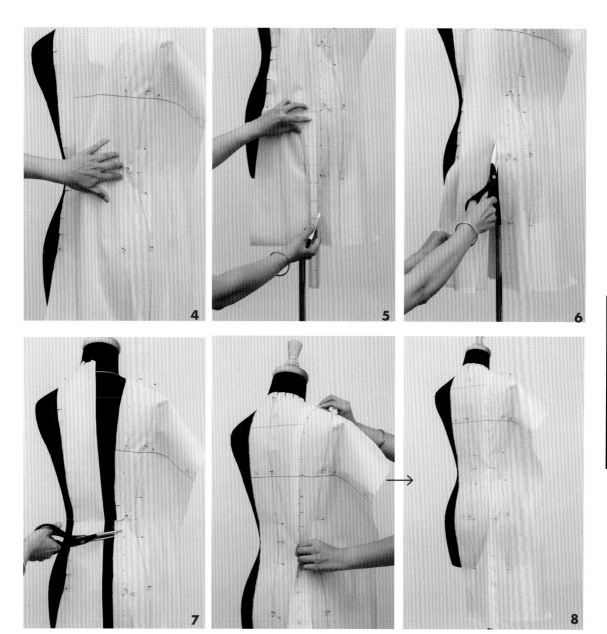

4 后公主线与腰围线交叉处用丝针直插固定。

5 沿着后公主线到中腰围再到下摆，用消失笔画出记号。

6 沿着后公主线往外留1.5cm缝份后，将多余的布剪掉。

7 腰围线与腰围线上、下3cm处各剪一刀，把腰围松份再推掉一些。

8 后中心身片的后公主线上剪牙口后，把缝份折入，用丝针以盖别法与后胁身片固定。

9 后胁身片在胸围线上留1~1.5cm的松份（松份量为整圈松份除以4），用丝针固定胁边线与胸围线交叉处。

10 沿着胁边线用消失笔画出记号。

11 沿着胁边线往外留2cm缝份、袖窿线往外留1.5cm缝份后，将多余的布剪掉。

12 胁边的腰围线与腰围线上、下3cm处各剪一刀，把腰围松份再推掉一些。

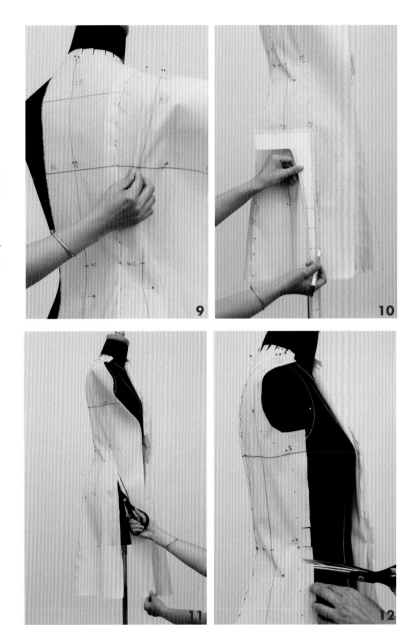

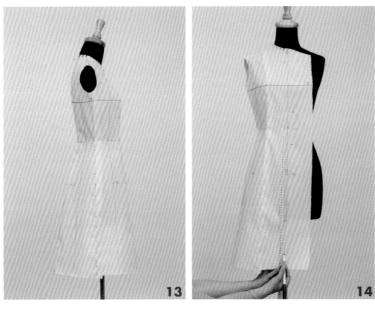

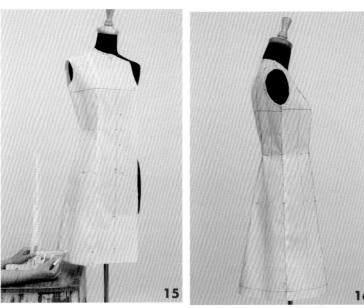

13 将前、后胁边用丝针以盖别法固定。

14 从前中心的腰围线往下量出裙子的长度。

15 用L形直角尺测量从桌面到裙长记号的尺寸，用纸胶带把三角板粘贴到L形直角尺上，用消失笔水平画出前、后裙长。

16 完成。

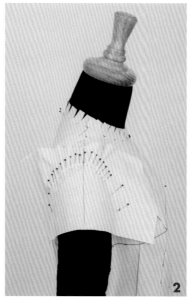
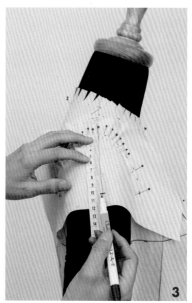

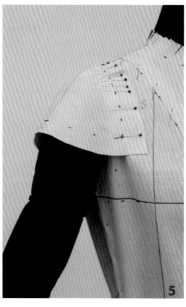

小盖袖

1 将手臂放在臀围线上5cm处固定。坯布上所画的中心线须对齐人台上手臂外侧中心线，用丝针固定肩点和前、后腋下点。

2 将前、后袖窿的松份用丝针慢慢推成缩褶后固定，松份平均分散在肩点与前、后腋点之间。用消失笔画出前、后袖窿线的记号。

3 从肩点量出袖长，约10cm。

4 沿着袖窿线往外留1.5cm缝份、袖口线往外留1.5cm缝份后，将多余的布剪掉。

5 完成。仔细观察外轮廓，看宽松份、缩缝份是否符合设计稿。

画下摆线

 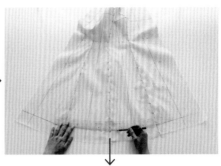

1 按照记号将前、后下摆线画顺，须注意前、后下摆线与前、后中心线交叉处要先用方格尺分别画一小段5~7cm的垂直线，再用大弯尺连接至胁边线，完成裙身的下摆线。接着留3cm缝份后，将多余的布剪掉。

画领围线

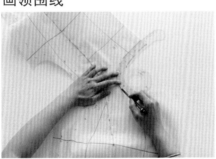

2 前中心的领围线用方格尺画一小段约0.5cm的垂直线，后中心的领围线用方格尺画一小段约2cm的垂直线，再用D形曲线尺将领围线画顺。

画袖窿线

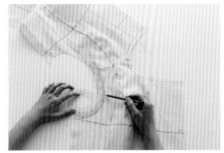

3 按照记号，用D形曲线尺将袖窿线画顺。

画肩线

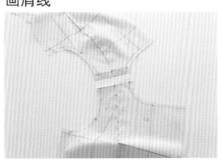

4 按照肩线的记号，用方格尺画直线。

画前、后胁边线与前、后公主线

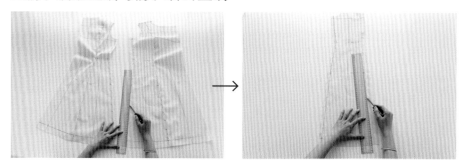

5 按照前、后胁边线与前、后公主线的记号，从臀围线至下摆用方格尺画直线。

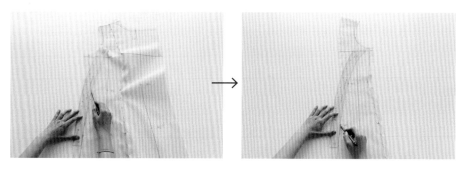

6 按照前、后胁边线与前、后公主线的记号，从腰围线至臀围线用大弯尺画顺。

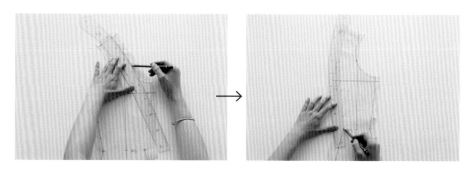

7 按照前、后胁边线与前、后公主线的记号，从肩线至胸围线至腰围线用大弯尺画顺。

画前胁身片

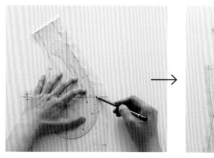

8 按照公主线的记号，从胸围线至腰围线用D形曲线尺画弧线。

9 领围线往外留1cm缝份，肩线往外留1.5cm缝份，袖窿线往外留1cm缝份，胁边线往外留1.5cm缝份，公主线往外留1cm缝份后，将多余的布剪掉。完成立裁样版。

画小盖袖

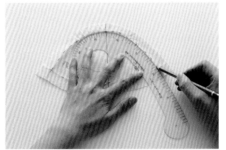

10 前袖窿用D形曲线尺画弧线。

11 后袖窿用D形曲线尺画弧线。

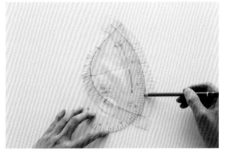

12 袖口用D形曲线尺画弧线。

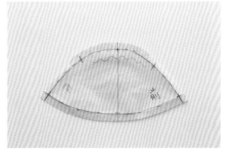

13 小盖袖完成。

修版后完成

前面　　　　　　　侧面　　　　　　　后面

马甲小礼服

款式分析

以贴身低胸的裁剪，展现女人性感的一面。

坯布准备

基准线 中心线用红笔画线，臀围线用蓝笔画线。

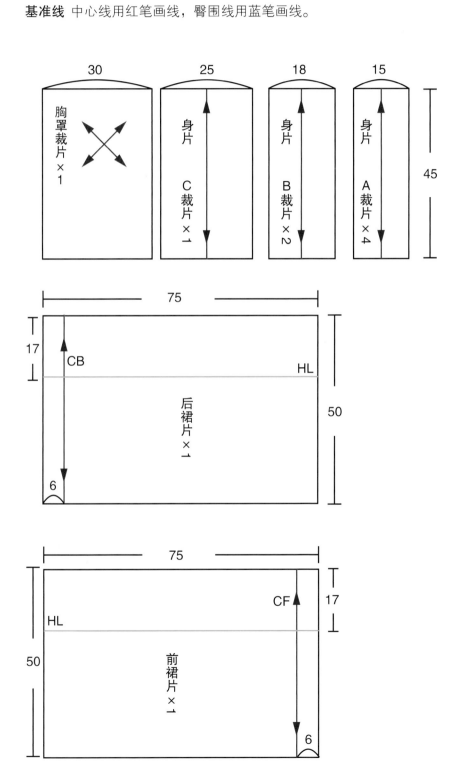

人台准备

用红色标示带在人台上贴出所需要的结构线:

1. 先将胸垫用丝针直插固定在人台上。

2. 胸罩的剪接线最好经过或接近BP，以避免产生褶子。

3. 身部分从右半边的前中心至后中心之间，最好切割成5~7片，贴好后看整体线条，是否达到瘦身与美体的要求。

4. 后中心设计绑带，可适当调整松紧度。

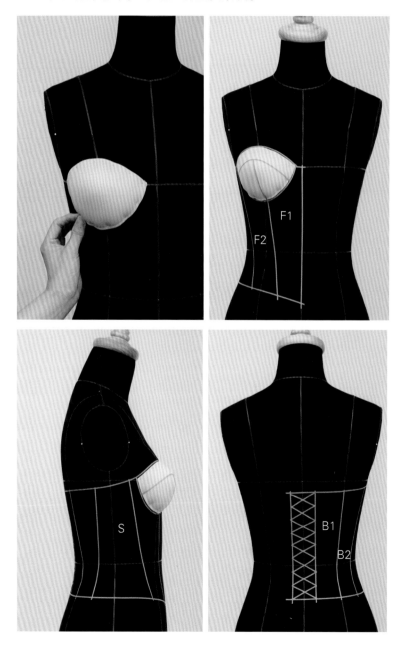

制作步骤

胸罩

1 上片：胸罩的裁片用正斜纹布，把坯布放上后左右微微拉紧，完全贴合胸垫，再用丝针直插固定。接着用消失笔画记号，四周留1.5cm后，将多余的布剪掉并剪牙口。

2 前中片：胸罩的裁片用正斜纹布，把坯布放在胸罩前中部位置微微拉紧，完全贴合胸垫，再用丝针直插固定。接着用消失笔画记号，四周留1.5cm后，将多余的布剪掉并在胸罩下缘剪牙口。

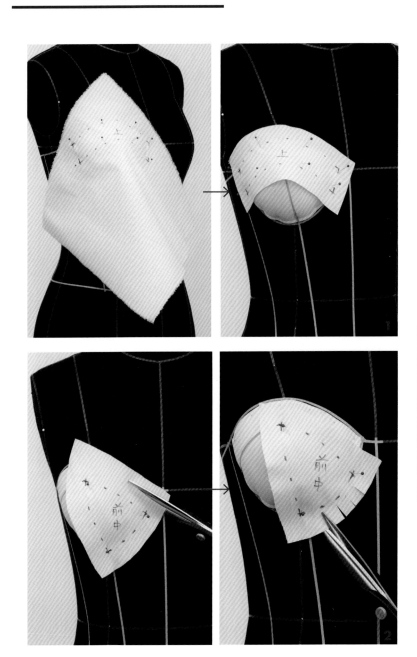

3 前胁片：胸罩的裁片用正斜纹布，把坯布放在前胁位置后微微拉紧，完全贴合胸垫，再用丝针直插固定。接着用消失笔画记号，四周留1.5cm后，将多余的布剪掉并在胸罩下缘剪牙口。

4 把3片胸罩布片用丝针以盖别法固定后，再别在胸垫上。

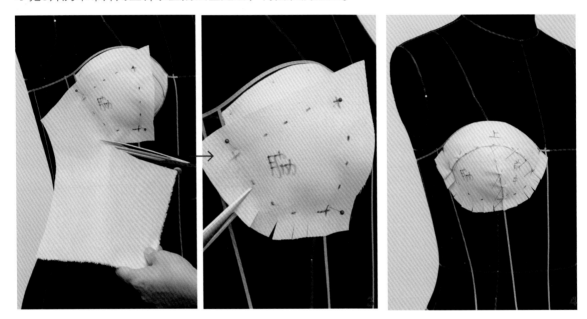

身片

从前中心向右至后中心编号F1、F2、S、B2、B1，依序将每片裁片做出来。

1 身片F1：按照剪接线大小，取A或B裁片。坯布上所画的前中心线须对齐人台上的前中心线，依次用丝针以V形固定前中心线与胸围线、腰围线交叉处，前中心衣摆则用倒V形固定。

2 在胸罩下缘用消失笔画记号，往外留1.5cm缝份后，将多余的布剪掉，并在胸罩下缘剪牙口，用丝针以盖别法固定。

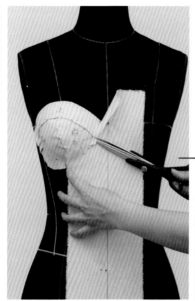

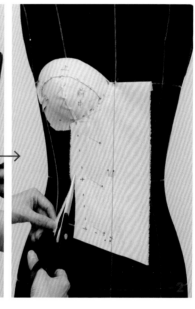

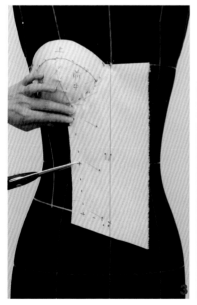

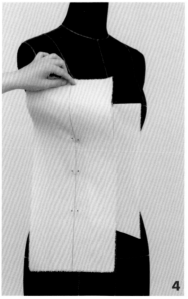

3 将坯布微微拉紧，完全贴合人台后，再用丝针横别固定。接着用消失笔画出剪接线的记号，往外留1.5cm后，将多余的布剪掉并剪牙口。

4 身片F2：按照剪接线大小，取A或B裁片。坯布上所画的中心线须对齐人台上F2的中心，依次用丝针以V形固定胸下围处、腰围线处，衣摆处则用倒V形固定。

5 在胸罩下缘用消失笔画记号，往外留1.5cm后，将多余的布剪掉并剪牙口。

6 将坯布微微拉紧，完全贴合人台，再用丝针横别固定。接着用消失笔画出剪接线的记号，往外留1.5cm后，将多余的布剪掉并剪牙口。

7 身片F1与F2的剪接线与胸罩下缘用丝针以盖别法固定。接着用消失笔画出另一边剪接线的记号，往外留1.5cm后，将多余的布剪掉并剪牙口。

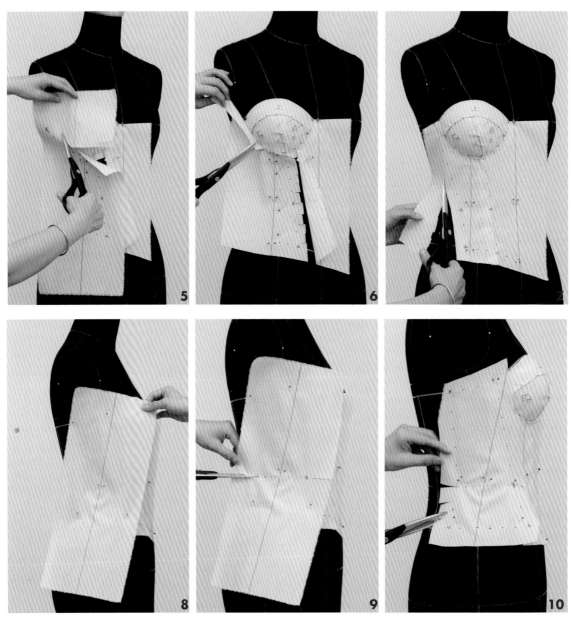

8 胁边S：此剪接线跨越前胁与后胁，腰臀角度落差较大，所以需要用正斜纹布，好拉伸且避免产生褶皱。取C裁片，坯布上所画的中心线放成斜纹后，依次用丝针以V形固定胸围线处、腰围线处，衣摆处则用倒V形固定。

9 左右腰围线处各剪一刀牙口。

10 将坯布微微拉紧，完全贴合人台后，再用丝针横别固定。接着用消失笔画出剪接线的记号，往外留1.5cm后，将多余的布剪掉并剪牙口。

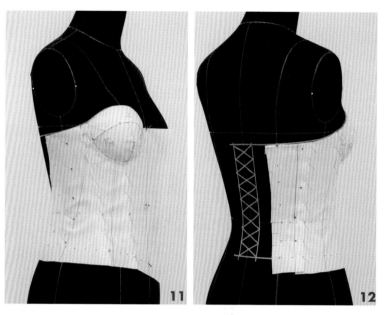

11 身片F2与S的剪接线用丝针以盖别法固定。

12 身片B2与B1的做法同身片F2的做法。

13 完成。

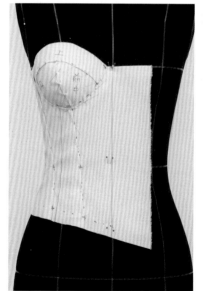

前面

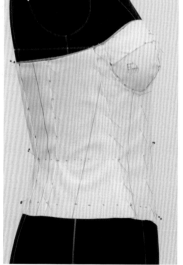

侧面

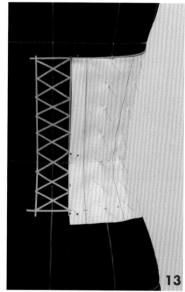

后面

蓬蓬裙前裙片

1 将马甲的衣摆用标示带贴出来。

2 坯布上所画的前中心线和臀围线须对齐人台上的前中心线和臀围线，依次用丝针以V形固定前中心线与马甲衣摆剪接线臀围线、交叉处，下摆处则用倒V形固定。

3 沿着马甲衣摆剪接线抓出细褶并固定。

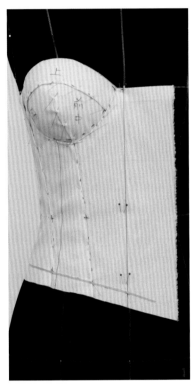 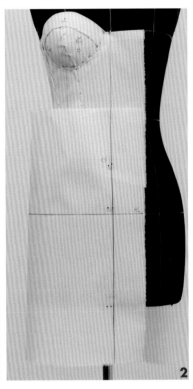 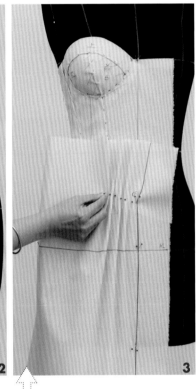

POINT
细褶抓法：第一根丝针固定好，第二根丝针距离第一根丝针约1.5cm插在坯布上后，把布往前推0.7cm，再将一根丝针直插固定；依此类推。

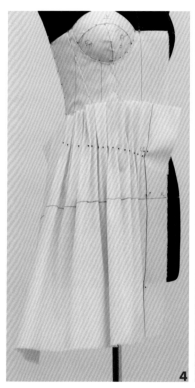 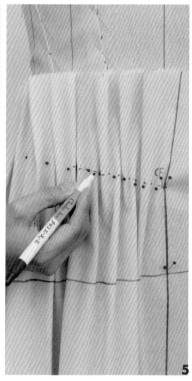 

4 细褶超过公主线后，臀围线慢慢下降，胁边做出A字感。

5 用消失笔画出剪接线与胁边线的记号。

6 沿着剪接线的记号往外留1.5cm缝份，沿着胁边线的记号往外留2cm缝份后，将多余的布剪掉。

蓬蓬裙后裙片

1 坯布上所画的后中心线和臀围线须对齐人台上的后中心线和臀围线，依次用丝针以V形固定后中心线与马甲衣摆剪接线、臀围线交叉处，下摆处则用倒V形固定。细褶做法同前裙片。

2 用消失笔画出剪接线与胁边线的记号。剪接线往外留1.5cm，胁边线往外留2cm后，将多余的布剪掉。

3 将前、后胁边用丝针以盖别法固定。

4 从腰围线往下量出裙子的长度。

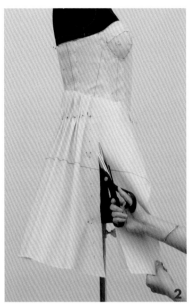

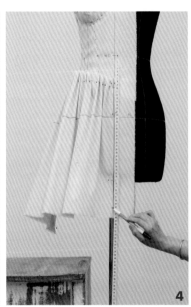

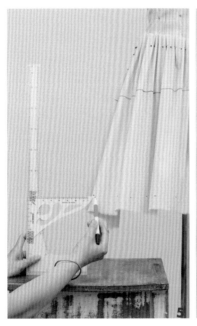 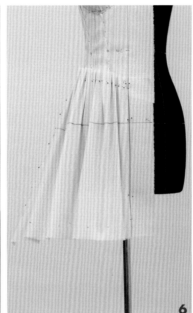 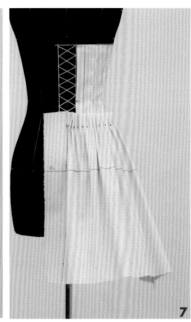

5 用L形直角尺测量从桌面到裙长记号线的尺寸，用纸胶带把三角板粘贴到L形直角尺上，用消失笔水平画出前、后裙长记号。

6 前裙片完成。

7 后裙片完成。

画胸罩

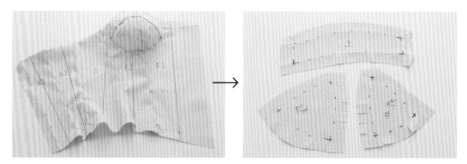

1 将坯样从人台上拿下来，仔细观察一下线条。

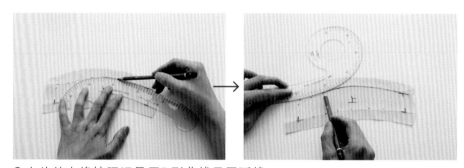

2 上片的上缘按照记号用D形曲线尺画弧线。

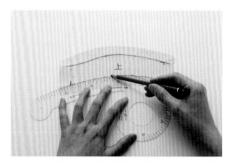

3 上片的下缘按照记号用D形曲线
尺画弧线。前中边缘与胁边（即左右
两侧边）用方格尺画直线。

 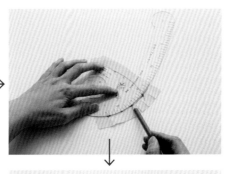

4 前中片边缘按照记号用D形曲线尺画弧线。

 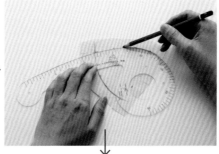

5 前胁片边缘按照记号用D形曲线尺画弧线。

画身片

6 将坯样从人台上拿下来，仔细观察一下线条。

7 身片F1上缘按照胸下围记号用D形曲线尺画弧线。

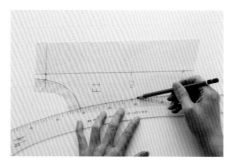

8 身片F1的剪接线按照记号用大弯尺画弧线。

9 身片F2上缘按照胸下围记号用D形曲线尺画弧线。

10 身片F2的剪接线按照记号用D形曲线尺画弧线。

11 依此类推画出身片S、B2、B1的线条后，全部缝份往外留1cm后，将多余的布剪掉。完成立裁样版。

画蓬蓬裙

12 将坯样从人台上拿下来，仔细观察一下线条。下摆线与前中心线、后中心线的交叉处要用方格尺分别画一小段约20cm的垂直线，胁边的下摆线用方格尺画约3cm的垂直线。

13 前、后裙片的下摆线按照记号用大弯尺画顺。

14 前、后裙片的剪接线按照记号用大弯尺画顺。

15 将前、后胁边分开，从臀围线至下摆处用方格尺画直线，从臀围线至剪接线处用大弯尺画弧线。

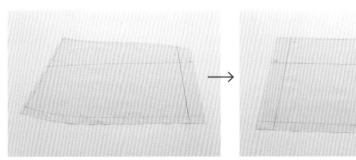

16 剪接线往外留1cm，下摆线往下留3cm，胁边线往外留1.5cm的缝份后，将多余的布剪掉。完成立裁样版。

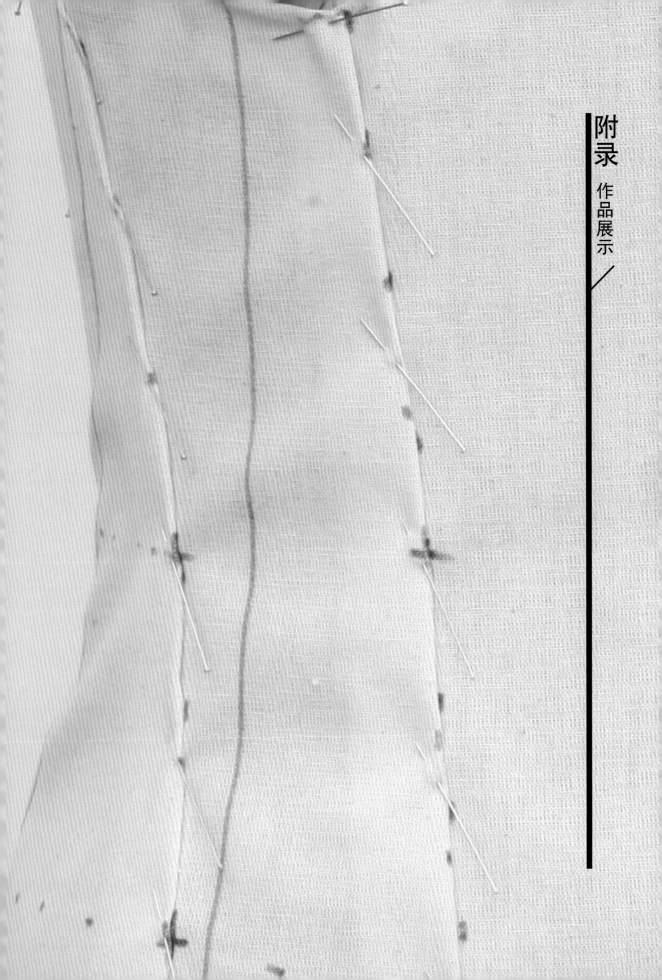

肩膀活褶上衣

高腰娃娃装

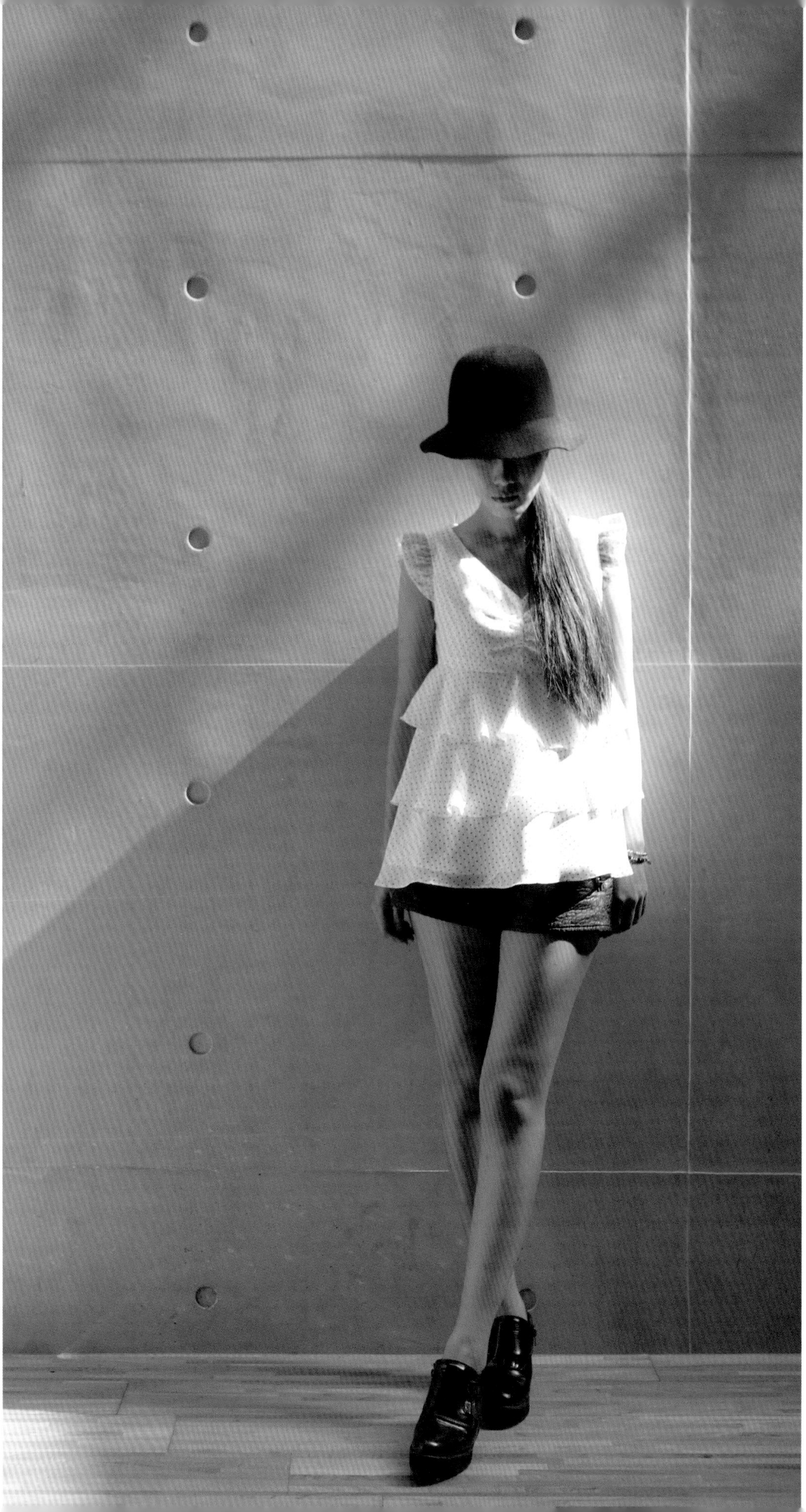

衬衫领／泡泡袖

小西装领马甲

公主线连衣裙

立领上衣／基本长袖

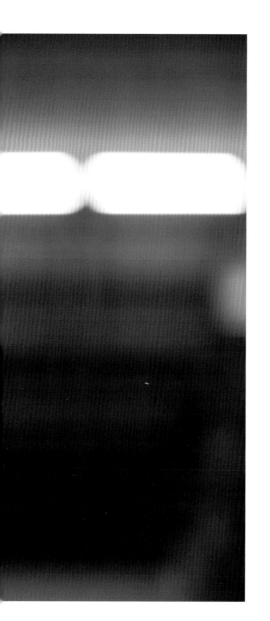

马甲小礼服

波浪领上衣

不对称活褶连衣裙

长版衫／翻领／A字裙

削肩细褶上衣／高腰鱼尾裙

垂坠罗马领上衣

前中心尖褶上衣

帕奈儿剪接线上衣／窄管袖／基本裙子／基本上衣

海军领衬衫／低腰剪接单褶裙

高腰剪接线上衣

图书在版编目（CIP）数据

服装立体裁剪与设计 / 张惠晴著. —郑州：河南科学技术出版社，2017.7
（2020.11重印）
　ISBN 978-7-5349-8768-7

　Ⅰ.①服… Ⅱ.①张… Ⅲ.①立体裁剪 ②服装设计 Ⅳ.①TS941.631 ②TS941.2

中国版本图书馆CIP数据核字(2017)第133393号

出版发行：河南科学技术出版社
　　　　　地址：郑州市经五路66号　　邮编：450002
　　　　　电话：（0371）65737028　　65788613
　　　　　网址：www.hnstp.cn
策划编辑：李　洁
责任编辑：杨　莉
责任校对：张小玲
封面设计：张　伟
责任印制：张艳芳
印　　刷：河南瑞之光印刷股份有限公司
经　　销：全国新华书店
幅面尺寸：190 mm ×260 mm　　印张：18　字数：320千字
版　　次：2017年7月第1版　　2020年11月第4次印刷
定　　价：78.00元

如发现印、装质量问题，影响阅读，请与出版社联系并调换。